Samaneh Azarpajouh

Caraterísticas biológicas de ovelhas Katahdin selecionadas para resistência ao footrot

Samaneh Azarpajouh

Caraterísticas biológicas de ovelhas Katahdin selecionadas para resistência ao footrot

ScienciaScripts

Imprint
Any brand names and product names mentioned in this book are subject to trademark, brand or patent protection and are trademarks or registered trademarks of their respective holders. The use of brand names, product names, common names, trade names, product descriptions etc. even without a particular marking in this work is in no way to be construed to mean that such names may be regarded as unrestricted in respect of trademark and brand protection legislation and could thus be used by anyone.

Cover image: Disponibilizado pelo autor

This book is a translation from the original published under ISBN 978-3-659-89244-8.

Publisher:
Sciencia Scripts
is a trademark of
Dodo Books Indian Ocean Ltd. and OmniScriptum S.R.L publishing group

120 High Road, East Finchley, London, N2 9ED, United Kingdom
Str. Armeneasca 28/1, office 1, Chisinau MD-2012, Republic of Moldova, Europe
Managing Directors: Ieva Konstantinova, Victoria Ursu
info@omniscriptum.com

Printed at: see last page
ISBN: 978-620-8-56223-6

"Lê: Em nome do teu Senhor que criou. Que criou o homem a partir de um ser agarrado. Lê! O teu Senhor é o mais nobre, aquele Que ensinou com a pena. Ele ensinou ao homem o que ele não sabia. (Alcorão, 96:1-5)

"Clama a mim, e eu te responderei; anunciar-te-ei coisas grandes e ocultas, que não sabes. e coisas ocultas, que não sabes". (Jeremias 33:3)

"Como são grandes as tuas obras, Senhor, como são profundos os teus pensamentos! (Salmos 92:6)

À minha querida família que me ensinou que a excelência humana reside na busca da verdade.

AVISO DE RECEPÇÃO

Ao longo dos últimos anos, muitas pessoas desempenharam um papel importante para me ajudarem a chegar a esta fase da minha vida. Embora seja impossível agradecer a todos, gostaria de expressar a minha gratidão a várias pessoas pela sua ajuda e orientação. Gostaria de agradecer sinceramente e com gratidão ao meu comité de pós-graduação, ao Dr. Tumen Wuliji, ao Dr. William Lamberson, ao Dr. Duane Keisler, ao Dr. Tim Safranski, ao Dr. Bruce Shanks e à Dra. Heide Schatten pela sua orientação, paciência, conhecimentos e apoio ao longo da minha experiência de pós-graduação. Gostaria de agradecer ao USDA e à Lincoln University of Missouri por fornecerem a fonte de financiamento para este projeto de investigação. Um agradecimento especial à Lincoln University George Washington Carver Farm, à Lincoln University of New Zealand e ao pessoal do Electron Microscopy Core da University of Missouri - Columbia pela sua assistência na recolha de dados. Não posso deixar de mencionar o corpo docente e o pessoal da Cooperative Research da Universidade de Lincoln, todos os professores e estudantes de pós-graduação da

Division of Animal Sciences da Universidade de Missouri-Columbia pela sua amizade e assistência.

Gostaria de expressar a minha mais profunda gratidão ao Dr.

Charlotte Clifford-Rathert, Amy Bax, Heather Hilsenbeck, Cindy Thompson, Cindy Borgwordt e Luke Wilber pela sua amizade e ajuda em todos os aspectos do meu programa. Estive longe da minha família no Irão, mas tive a sorte de fazer parte das famílias Farley, Rollins e Kaplan. Obrigado pelo vosso amor e apoio. O trabalho apresentado nesta tese não teria sido possível sem cada um de vós. Agradeço-vos a todos.

ÍNDICE DE CONTEÚDOS

Capítulo 1	8
Capítulo 2	13
Capítulo 3	47
Capítulo 4	86
Capítulo 5	107
Capítulo 6	122

CARACTERÍSTICAS BIOLÓGICAS DE OVINOS KATAHDIN SELECCIONADOS PARA RESISTÊNCIA AO FOOT ROT

Samaneh Azarpajouh

Tumen Wuliji e William R. Lamberson, Diretores destes

RESUMO

Os objectivos deste estudo foram selecionar ovelhas divergentes para um genótipo resistente à podridão podal utilizando o marcador genético DQA2 e investigar a resposta imunitária resistente do hospedeiro, a eficiência fagocítica dos neutrófilos e os danos bacterianos patogénicos no *estrato córneo* do tecido do casco. Sessenta e oito ovelhas Katahdin e Katahdin x Dorper foram estratificadas de acordo com o peso corporal e os resultados do teste do marcador genético da podridão podal em grupos de controlo (C) e de tratamento (D). As culturas de *D. nodosus* foram inoculadas na pele interdigital do grupo de tratamento. Foram registadas as contagens de glóbulos vermelhos e brancos, o volume de leucócitos, o diferencial de leucócitos, as medidas de resposta imunitária, o peso corporal, os índices de condição corporal e os índices de podridão podal. A termoestabilidade da protease *de D. nodosus* foi testada utilizando um ensaio de gelatina. A eficiência fagocítica dos neutrófilos foi testada em diferentes grupos de marcadores. Os danos causados por *D. nodosus* em amostras de tecido de casco branco e preto foram observados utilizando um microscópio eletrónico de varrimento ambiental. A eficiência fagocítica dos neutrófilos foi testada em diferentes grupos de marcadores.

Os dados foram analisados usando procedimentos de modelo misto do SAS, e $P < 0{,}05$ foi considerado significativo. No final do ensaio, o Grupo C tinha uma pontuação de pegada de 0, mas o Grupo D tinha pontuações de pegada de 0-2. Os níveis séricos de IgG (mg/ml) foram mais elevados nos grupos D do que nos grupos C *(*P<0,0001*)*. Os neutrófilos dos genótipos de ovinos altamente resistentes tinham uma atividade fagocítica significativamente mais eficaz do que os genótipos pouco resistentes. Foi observada a formação de seios nos tecidos dos cascos brancos e pretos, mas não houve relação entre a pigmentação dos tecidos e as alterações ultra-estruturais dos tecidos. O teste da gelatina determinou a atividade enzimática do *D. nodosus* inoculado e, como não foram observados casos virulentos de podridão podal durante o desafio com o agente patogénico da podridão podal, pode ser utilizado como prova de resistência à podridão podal na raça ovina Katahdin.

CAPÍTULO I

INTRODUÇÃO

A podridão *peduncular (necrobacilose interdigital) é* uma doença altamente contagiosa que afecta as patas dos animais com casco e tem um grande impacto na economia e no bem-estar dos animais no sector da criação de pequenos ruminantes. Apesar da sua ocorrência a nível mundial, o maior impacto económico tem sido observado em países com precipitação moderada a elevada (Stewart, 1989). A podridão podal é um problema generalizado nas explorações de ovinos e é responsável por 10% das perdas de produção em termos de peso corporal e de crescimento da lã nos animais afectados, para além das perdas devidas aumento dos custos de tratamento e controlo (Stewart et al., 1984);

Marshall et al., 1991; Glynn, 1993).

A podridão podal dos ovinos e caprinos é causada

principalmente pela infeção com as bactérias *Dichelobacternodosus (D. nodosus)* e *Fusobacterium necrophorum (F. necrophorum). A D. nodosus* é o agente causal da podridão do pé de carneiro. *O F. necrophorum*, que faz parte da flora do rúmen e é excretado nas fezes, desencadeia geralmente uma invasão bacteriana da pele interdigital predisposta entre os dedos. Quando *o D. nodosus* e *o F. necrophorum* estão presentes no mesmo ambiente, invadem a matriz epidérmica em conjunto (Egerton et al., 1969). A infeção é em grande parte específica dos ovinos e caprinos, embora também tenha sido registada noutras espécies, incluindo bovinos, equinos, suínos, veados e ovinos (Beveridge, 1967; Ghimire et al., 2002).

Certos factores hereditários do hospedeiro, as condições ambientais, a nutrição, a forma e a estrutura da pata e a idade (em geral, os animais mais jovens são mais susceptíveis) determinam se os animais são ou não susceptíveis ao míldio (Raadsma et al., 1994a). A gravidade da podridão podal depende da interação de factores ambientais, bacterianos e do hospedeiro envolvidos em diferentes surtos. Em grupos de pequenos ruminantes que vivem no mesmo ambiente, alguns animais são altamente susceptíveis, parcialmente susceptíveis ou resistentes (Egerton, 2002).

Os ovinos e caprinos estão a tornar-se uma alternativa importante aos bovinos na agricultura diversificada de pequenos agricultores, devido às suas vantagens, incluindo o tamanho pequeno, a facilidade de manuseamento, a maior prolificidade, o período de gestação mais curto e a maturidade mais precoce do que os bovinos. Dado o custo anual estimado da podridão, 18,5 milhões de dólares na Austrália (Sacket et al., 2006) e 24 milhões de libras no Reino Unido (Nieuwhof e Bishop, 2005), a prevenção é mais rentável do que o tratamento da doença. Muitos produtores gastam tempo e dinheiro a combater a doença todos os anos. Além disso, a doença é mais prevalecente em zonas onde a temperatura média diária é superior a 10°C, após dois a três meses de precipitação superior a cerca de 50 mm por mês, o que é semelhante às condições ambientais do Midwest americano. Sabe-se que, para muitas doenças, a resistência tem um componente genético e a seleção para a resistência à doença é vista há muito tempo como uma forma promissora de reduzir a prevalência da doença (Nieuwhof et al., 2009); no entanto, há pouca informação disponível sobre as hereditariedades da resistência ao foot rot e a resposta à seleção em pequenos ruminantes nos EUA.

Os marcadores genéticos podem ser utilizados para classificar animais susceptíveis ou resistentes sem os submeter a um desafio patogénico e podem encurtar o intervalo entre gerações (Collins e Conington, 2005). Além disso, o estabelecimento de um rebanho ovino resistente à febre aftosa através da seleção assistida por marcadores permite aos agricultores e produtores controlar e erradicar a doença, melhorar a saúde e o bem-estar animal e produzir alimentos seguros e de alta qualidade (Wuliji et al., 2013b, Wuliji et al., 2014).

Objectivos

Os objectivos deste estudo foram os seguintes

1) Selecionar ovelhas divergentes para um genótipo resistente à podridão peduncular utilizando o marcador genético DQA2;

2) Identificar a termoestabilidade das bactérias patogénicas do pé e estudar a resposta imunitária resistente do hospedeiro (anticorpos);

3) Estudar a eficiência fagocítica dos glóbulos brancos em ovinos com

um genótipo resistente à podridão podal em comparação com um genótipo suscetível;

4) Comparar os danos causados por bactérias patogénicas no *estrato córneo* do tecido do casco de ovinos.

CAPÍTULO II

ANÁLISE DOCUMENTAL

Genética da resistência às doenças

As doenças infecciosas afectam a saúde, o bem-estar, a produção e a qualidade dos alimentos para animais e, apesar de todos os sistemas tradicionais de controlo das doenças, continuam a prejudicar a indústria pecuária (Adams e Templeton, 1998). Várias abordagens, como a vacinação, o controlo de vectores de doenças e métodos de gestão adequados, podem reduzir estes efeitos negativos. No entanto, a sustentabilidade destas estratégias de controlo das doenças é muitas vezes dificultada por condicionalismos como o impacto dos tratamentos químicos no ambiente e na segurança alimentar, a acessibilidade dos preços e dos tratamentos para os criadores de gado mais pobres e a evolução da resistência dos parasitas aos tratamentos (BOA, 1999).

Dado o impacto económico, sanitário e de bem-estar das doenças infecciosas na indústria pecuária, a prevenção é mais benéfica do que a cura. Vários factores ambientais e do hospedeiro, certas doenças metabólicas, o estado imunitário do hospedeiro, a gestação ou a lactação podem afetar a resistência dos animais às doenças infecciosas; por exemplo, vários estudos epidemiológicos mostraram que existe uma associação entre o desenvolvimento de uma doença metabólica e o desenvolvimento subsequente de mastite (Curtis et al., 1983).

A resistência genética às doenças, envolvendo mecanismos imunitários e não imunitários, é uma abordagem a este problema (Adams e Templeton, 1998). A resistência às doenças é a capacidade inerente de um animal, previamente não exposto, de resistir às doenças quando confrontado com agentes patogénicos. É considerada a capacidade do hospedeiro para moderar o ciclo de vida do agente patogénico ou do parasita, bem como a resistência às consequências da infeção (Adams e Templeton, 1998, Bishop e Morris, 2007). A resistência natural é herdada e transmitida de pais para filhos, pelo que o aumento do nível global de resistência genética numa população através de programas de criação pode melhorar os sistemas de gestão da saúde animal (Adams e Templeton, 1998).

As vantagens da incorporação de elementos genéticos nas estratégias de gestão das doenças são as seguintes permanência da alteração genética uma vez estabelecida; consistência do efeito; não é necessário adquirir factores de produção uma vez estabelecido o efeito; a eficácia de outros métodos é prolongada, uma vez que há menos pressão para o aparecimento de resistência; a possibilidade de efeitos de largo espetro e de aumento da resistência a mais do que uma doença; a possibilidade de ter menos impacto na evolução de macroparasitas, como os helmintas, do que outras estratégias, como a quimioterapia ou a vacinação; e o aumento da diversidade das estratégias de gestão das doenças (FAO, 1999).

A aplicação de diferentes estratégias para a gestão genética das doenças depende da natureza do problema e dos recursos disponíveis. Estas abordagens incluem a escolha da raça apropriada para o ambiente de produção, o cruzamento para introduzir genes em raças que, de outra forma, estão bem adaptadas aos objectivos requeridos, e a seleção de indivíduos com elevados níveis de resistência a doenças (FAO, 2007). Existem programas de criação centrados na seleção de animais comerciais para melhorar a resistência a certas doenças, incluindo a infeção por parasitas nemátodos, certas formas de envenenamento por micotoxinas, mastite, podridão do pé e tremor epizoótico. A descoberta de marcadores genéticos associados à resistência à infeção tem o potencial de selecionar uma maior resistência na ausência de infeção (Bishop e Morris, 2007).

Seleção assistida por marcadores

A seleção assistida por marcadores (MAS) é um processo em que um marcador morfológico, bioquímico ou baseado no ADN/ARN é utilizado para a seleção indireta de uma caraterística de interesse (por exemplo, produtividade, resistência a doenças; Ribaut et al., 2001). O termo MAS foi utilizado pela primeira vez por Beckmann e Soller (1986) e envolve a seleção de indivíduos com base no seu marcador (genótipo) e não nas suas caraterísticas observáveis (fenótipo;

Boopathi, 2013).

O marcador utilizado para a seleção está associado em alta frequência ao gene ou ao locus de caraterísticas quantitativas (QTL) de interesse devido à ligação genética. Os loci de caraterísticas quantitativas são segmentos de ADN que contêm ou estão ligados a genes subjacentes a uma caraterística quantitativa (Gelderman, 1975). Existem marcadores selecionáveis que eliminam certos genótipos da população e marcadores selecionáveis que tornam certos genótipos facilmente identificáveis, devendo o experimentador classificar ou avaliar a população e agir para conservar os genótipos preferidos. A maioria dos sistemas de gestão ambiental utiliza marcadores selecionáveis em vez de marcadores selecionáveis (Ribaut e Hoisington, 1998).

Utilizando um programa MAS, os alelos recessivos podem ser identificados utilizando marcadores ligados adequados. Quando vários genes de resistência são combinados na mesma variedade ou linha de reprodução, a presença de um gene de resistência pode mascarar o efeito de genes adicionais. Este problema pode ser resolvido se estiverem disponíveis marcadores para cada um dos genes de resistência. Se estiver disponível um marcador fiável para uma caraterística de hereditariedade fraca, a seleção assistida por marcadores pode permitir maiores progressos do que a seleção fenotípica. A seleção assistida por marcadores pode ser mais barata e mais rápida do que os testes fenotípicos convencionais, dependendo da caraterística. Vários marcadores podem ser avaliados usando a mesma amostra de DNA e, uma vez que o DNA é extraído e purificado, pode ser usado para vários marcadores, para a mesma caraterística ou para diferentes caraterísticas, reduzindo o tempo e o custo por marcador (Boopathi, 2013).

Existem diferentes tipos de marcadores. Os marcadores morfológicos podem frequentemente ser detectados por simples inspeção visual. Os marcadores bioquímicos são proteínas que podem ser extraídas e observadas. Os marcadores citológicos são bandas cromossómicas produzidas por diferentes estirpes. Os marcadores baseados no ADN (moleculares ou genéticos) são genes únicos ou sequências de ADN cuja localização num cromossoma é conhecida e que podem ser utilizados para identificar espécies. Os marcadores genéticos podem ser identificados por uma série de técnicas moleculares, como os microssatélites ou a deteção de polimorfismos de nucleótido único (SNP). Os marcadores ligados são marcadores moleculares localizados muito perto dos principais genes de interesse. Encontram-se apenas perto do gene em questão no cromossoma e não fazem parte do ADN do gene em questão. Os marcadores diretos fazem parte do gene em questão. Os marcadores diretos são mais fáceis de utilizar uma vez encontrados, mas são frequentemente mais difíceis de encontrar do que os marcadores ligados (Ribaut e Hoisington, 1998). Existem vários marcadores fenotípicos e genéticos de resistência a nemátodos em ovinos naturalmente infectados com nemátodos que podem potencialmente facilitar a resposta à seleção. Os marcadores fenotípicos fisiológicos incluem a atividade da imunoglobulina A (IgA) (Strain et al., 2002), a pepsinogenemia (Stear et al., 1999), as concentrações plasmáticas de frutosamina (Stear et al., 2001) e a eosinofilia (Stear et al., 2002). Os marcadores genéticos incluem o complexo principal de histocompatibilidade (MHC;

Schwaiger et al., 1995, Stear et al., 2005) e a região do interferão gama (Coltman et al., 2001). Davies et al (2006) referiram loci de caraterísticas quantitativas para a IgA produzida em resposta a um teste de *Strongyles* nos cromossomas 3, na região do interferão-gama, e 20, na região do MHC. O estudo de Cockett et al (2005) também encontrou um QTL para o volume de glóbulos vermelhos concentrados (PCV) após um desafio com *Haemonchus contortus* na mesma localização no cromossoma 1 que o QTL para a contagem de ovos nas fezes (FEC).

Com o advento dos marcadores genéticos baseados no ADN, no final da década de 70, os investigadores começaram a identificar um grande número de marcadores dispersos no material genético de qualquer espécie de interesse e a utilizar os marcadores para detetar associações com caraterísticas de interesse, permitindo assim que a SMA se tornasse finalmente uma realidade (Guimarães, 2007). Neimann-Sorensen e Robertson (1961) e Smith (1967) explicaram a teoria básica para incorporar loci específicos com efeitos diretos sobre uma caraterística quantitativa num índice de seleção. Os progressos na aplicação da genética molecular e a identificação de loci e regiões cromossómicas que contêm loci que afectam caraterísticas de interesse na produção animal melhoraram os programas genéticos que utilizam a seleção direta de genes ou regiões genómicas que afectam caraterísticas económicas através da MAS e da introgressão genética (Andersson, 2001; Dekkers e Hospital, 2002).

O mapeamento de genes ou TLQs utilizando diferentes técnicas é a primeira etapa da SMA. A análise quantitativa de loci é um método estatístico que associa dados fenotípicos (medidas de caraterísticas) e dados genotípicos (geralmente marcadores moleculares) para explicar a base genética da variação em caraterísticas complexas (Falconer e Mackay, 1996; Kearsey, 1998; Lynch e Walsh, 1998).

Para iniciar uma análise Q.TL, são necessárias pelo menos duas estirpes de organismos que diferem geneticamente no que respeita à caraterística em consideração e marcadores genéticos que possam distinguir estas linhas parentais. Os marcadores moleculares são preferidos para a genotipagem, uma vez que não é provável que afectem a caraterística em questão ( ). São utilizados vários tipos de marcadores, incluindo os polimorfismos de nucleótido único (SNP), as repetições de sequência única (SSR ou microssatélites), os polimorfismos de comprimento de fragmentos de restrição (RFLP) e as posições de elementos transponíveis. Regra geral, os marcadores a utilizar devem estar próximos do gene em causa (<5 unidades de recombinação ou cM) para garantir que apenas uma pequena fração dos indivíduos selecionados será recombinante. De preferência, são utilizados dois marcadores para reduzir o risco de erro devido à recombinação homóloga (Casa et al., 2000; Vignal et al., 2002; Gupta e Rustgi, 2004; Henry, 2006).

Os loci quantitativos são analisados através do cruzamento das estirpes parentais, resultando em indivíduos heterozigóticos (Fl), e estes indivíduos são depois cruzados. Os fenótipos e genótipos da população derivada (F2) são avaliados, e os marcadores geneticamente ligados a um Q.TL que influencie a caraterística de interesse segregarão mais frequentemente com os valores da caraterística, enquanto os marcadores não ligados não mostrarão uma associação significativa com o fenótipo (Darvasi, 1998). No entanto, a análise Q.TL tem algumas limitações. Se for necessário um tamanho de amostra muito grande, só podem ser mapeadas as diferenças registadas entre as estirpes parentais originais. Dado que é pouco provável que estas estirpes contenham alelos segregantes que tenham um efeito significativo em todos os locus que contribuem para a variação nas populações naturais, alguns loci não serão detectados e alelos segregantes específicos, particularmente em linhas puras, podem não ser relevantes para as populações naturais. É por esta razão que o objetivo de muitos estudos é identificar loci e não alelos específicos, com a exceção notável dos estudos aplicados à medicina.

e a agricultura, que se centram frequentemente em alelos de segregação específicos (Miles e Wayne, 2008).

Febre aftosa em pequenos ruminantes

O foot rot é uma infeção bacteriana mista e uma doença altamente contagiosa, particularmente em ovinos, caprinos, bovinos e alguns ungulados selvagens (Raadsma e Dhungyel, 2013). É uma infeção necrótica subaguda ou aguda que surge de uma lesão da pele interdigital que resulta em celulite na região digital e é também conhecida como Necrobacilose *interdigital* (Black's Veterinary Dictionary, 1995). A doença começa como uma dermatite interdigital e pode espalhar-se para os tecidos duros adjacentes do corno do casco. Os pequenos ruminantes, como os ovinos e os caprinos, são particularmente susceptíveis em ambientes quentes, húmidos e chuvosos (Bulgin et al., 1988).

O podridão peduncular é uma doença importante em climas temperados, causada pela infeção com a bactéria *Dichelobacter nodosus* em associação com outras bactérias, particularmente *Fusobacterium necrophorum* (Egerton et al., 1969; Roberts e Egerton, 1969). Embora outras bactérias ambientais, incluindo *Spirochaet apenortha*, invadam posteriormente as lesões primárias (Beveridge, 1935), *D. nodosus* é o agente essencial de transmissão da podridão e, na sua ausência, as lesões da podridão não se desenvolvem.

Os factores ambientais e do hospedeiro desempenham um papel essencial no início e desenvolvimento da doença (Beveridge,

1934; Graham e Egerton, 1968). Aparentemente, é necessária uma temperatura superior a 10°C para que ocorra a transmissão do podridão peduncular e é necessária precipitação regular durante várias semanas para que ocorra um surto de podridão peduncular. Foi proposto que o tempo húmido afecta a suscetibilidade ao míldio, quer induzindo alterações físicas no casco que o tornam mais vulnerável ao ataque, quer alterando a biologia dos agentes patogénicos que causam o míldio (Graham e Egerton, 1968).

A podridão podal virulenta pode levar a uma má ingestão de alimentos, a graves perdas de produção em ovinos e caprinos, a graves perdas económicas, ao sofrimento devido à claudicação, à perturbação das actividades normais da exploração e à morte devido a uma combinação de fome, sede e infecções bacterianas sistémicas que ocorrem em ovinos que passam longos períodos deitados (Stewart, 1989). As perdas económicas devem-se à redução do peso corporal e do crescimento, à redução da produção de lã e à limitação das oportunidades de comercialização. Muitos produtores perdem tempo e dinheiro todos os anos a tentar controlar a doença nos seus efectivos. Se a podridão podal se tornar um problema, é necessário muito esforço e trabalho para controlar os sintomas e eliminá-la. O custo anual estimado do foot rot virulento em 2005-2006 na Austrália foi de 18,5 milhões de dólares (Sacket et al., 2006) e de 24 milhões de libras na Grã-Bretanha (Nieuwhof e Bishop, 2005).

A podridão podal tem uma vasta gama de virulência e foi classificada no local em três categorias: virulenta, intermédia e benigna. A podridão podal benigna também pode ser conhecida como escaldão do pé, em que a infeção está amplamente confinada à pele interdigital, com apenas uma subexpansão mínima do corno adjacente. A pododermatite benigna causa inflamação do

A pele interdigital com dermatite interdigital, mas não se observa crescimento ou descolamento. Clinicamente, a pododermatite benigna parece semelhante à dermatite interdigital dos ovinos, mas *o D. nodosus* está envolvido. O impacto económico da pododermatite benigna é muito menor do que o da pododermatite virulenta (Glynn, 1993).

A podridão peduncular intermédia pode causar subleitos em

alguns animais e, mesmo em condições ambientais favoráveis, é muito menos disseminada e transmissível dentro de um efetivo. Pode ser diagnosticado através do isolamento e identificação de estirpes *de D.* nodosus com factores de virulência intermédios (Stewart et al., 1986).

A podridão podal virulenta caracteriza-se pela destruição do corno e pela erosão da junção pele-casco que penetra no casco, provocando o seu descolamento devido a uma utilização insuficiente (Stewart et al., 1986). Trata-se de uma lesão necrosante crónica da epiderme da pele interdigital e da matriz do casco ( ) que começa com uma dermatite interdigital e se estende a grandes áreas da matriz do casco. No caso do foot rot virulento, a lâmina sensível e a sua rede de capilares são destruídas pela infeção; como resultado, o cório da parede do casco perde o seu fornecimento de sangue e a sua ancoragem ao tecido subjacente e desprende-se (Stewart, 1989).

Etiologia da podridão do pé

A Dichelobacter nodosus, anteriormente conhecida como *Bacteroides nodosus, é* uma bactéria Gram-negativa, não formadora de esporos, anaeróbia e patogénica (Beveridge, 1941). *O D. nodosus* pode ser descrito como um grande bastonete com inchaços terminais e longas fímbrias polares. Com base no antigénio de superfície (K), que se demonstrou ser idêntico às fímbrias, as estirpes *de D. nodosus* foram classificadas em 10 serogrupos (A-I, M) e 18 serótipos (Wani et Samanta, 2005).

D. nodosus possui vários factores de virulência, tais como fímbrias, proteases e proteínas da membrana externa. As fímbrias *de D. nodosus* são necessárias para a ligação às células epiteliais, proporcionando motilidade contrátil e proteases termoestáveis que contribuem para a patogénese *de D.* nodosus. Em contraste com as proteases *de D. nodosus,* não se sabe se as proteínas da membrana externa desta bactéria desempenham um papel direto no ataque ao hospedeiro, mas interferem com a resposta imunitária do hospedeiro porque são altamente antigénicas e variam de fase em resultado de inversões específicas do local nos genes da proteína da membrana externa. É provável que esta variação de fase permita que as populações de *D. nodosus* sofram alterações antigénicas e escapem ao sistema imunitário durante a infeção (Myers et al., 2007).

A Fusobacterium necrophorum, uma bactéria anaeróbia gram-negativa, é um habitante normal do trato gastrointestinal dos ruminantes e encontra-se normalmente em ambientes contaminados com estrume. É responsável por claudicação e escaldão nos ovinos, pelo síndroma de Lemierre e por 10% de todas as dores de garganta agudas (Aliyu et al., 2004). Pode durar vários anos em terrenos utilizados por ovinos ou bovinos. A rutura ou a fraqueza da pele que rodeia o casco devido a pedilúvios intensos, a solos arenosos, a uma ligeira congelação ou a um encharcamento prolongado de um campo pode causar o escaldão do pé.

Em condições ambientais favoráveis (temperatura média diária superior a 10°C após dois a três meses de precipitação superior a cerca de 50 mm por mês), *o F. necrophorum* coloniza a pele interdigital húmida e macerada e proporciona as condições ideais para a invasão por *D. nodosus* na interface pele/casco (Abbott e Lewis, 2005). Através da ação de proteases, *o D. nodosus* liquefaz as células do *stratum granulosum* e *do stratum spinosum,* provocando a separação da parede do casco do epitélio basal, abrindo depois caminho ao longo do corno interdigital até ao talão, depois até à sola e, finalmente, até à superfície lateral do casco. Existem pelo menos 20 estirpes diferentes de *D. nodosus*, com diferentes graus de patogenicidade. A transmissão é mais rápida em condições quentes e húmidas, mas as condições frias e húmidas também são propícias à transmissão (The Merck Veterinary Manual, 2013).

O D. nodosus não consegue sobreviver mais do que alguns dias fora das patas dos ruminantes (Beveridge, 1941; Laing e Egerton, 1981), e as estirpes *de D. nodosus* que causam podridão podal virulenta não estabelecem facilmente infecções subclínicas ou latentes persistentes (Thomas, 1957). Estes dois factores tornam possível erradicar a doença dos efectivos (Egerton e Raadsma, 1993). Em contrapartida, as estirpes *de D. nodosus* que causam as formas mais ligeiras de podridão podal (incluindo a podridão podal benigna) podem persistir no *estrato córneo*, sem lesões clinicamente detectáveis, durante períodos prolongados (Egerton e Parsonson, 1969; Glynn, 1993; Depiazzi et al., 1998).

F. necrophorum produz uma exotoxina leucocida que reduz a fagocitose e causa necrose supurativa. *O D. nodosus* produz uma enzima capaz de digerir o tecido conjuntivo do corno do casco, permitindo a migração para áreas abaixo do corno. Se não for controlada, a podridão podal pode invadir estruturas mais profundas do pé, incluindo as articulações, levando à artrite séptica.

(Egerton, 1989). Tanto *o F. necrophorum* como *o D. nodosus* são essenciais para a invasão da matriz epidérmica do casco e nenhuma das espécies bacterianas, por si só, pode causar uma lesão podal (Egerton et al., 1969; Roberts e Egerton, 1969).

As novas infecções podais começam sempre na pele interdigital e as infecções avançadas afectam frequentemente a sola e a parede do casco. A pele interdigital é normalmente resistente à infeção bacteriana e só é suscetível se for predisposta por uma exposição prolongada a condições de humidade ( ), levando à maceração e desvitalização (Beveridge, 1934). Uma vez desenvolvida a lesão interdigital, a infeção do foot rot pode propagar-se às lâminas sensíveis subjacentes à sola, que depois se separa gradualmente do pé

(Gregory, 1939; Deane e Jensen, 1955).

Pontuação do footrot

Os índices de podridão podal são utilizados para classificar as lesões podais. Egerton e Roberts (1971) utilizaram um sistema de pontuação de 5 níveis (0-4). A pontuação 0 corresponde a um casco normal que não apresenta sinais de lesão, infeção ou irritação da pata. A pontuação 1 corresponde a uma dermatite interdigital ligeira ou escaldadura com perda de pelo e inflamação ligeira a moderada limitada à pele interdigital e possivelmente envolvendo erosão do epitélio. O resultado 2 corresponde a uma dermatite interdigital mais extensa e a uma inflamação necrosante da pele interdigital. O resultado 3 mostra um pé com dermatite interdigital grave e desgaste do corno do calcanhar e da sola. O resultado 4 mostra uma dermatite interdigital grave e a morte dos cornos do talão e da sola que se estende às paredes do casco.

Este sistema foi modificado por Stewart et al (1982), e as lesões de pontuação 3 foram subdivididas em 3a, 3b e 3c de acordo com o grau de descolamento. O score 3a corresponde a uma separação da junção entre o corno e a pele, com um subdeslocamento não superior a 5 mm. A classificação 3b corresponde a um subdeslocamento não superior a metade do calcanhar ou da sola, e a classificação 3c a um subdeslocamento maior do calcanhar ou da sola, mas que não se estende até ao bordo exterior da sola da garra.

Um ovino é classificado como tendo podridão podal quando tem uma lesão com uma pontuação > 2 (Marshall et al., 1991), ou uma lesão com uma pontuação > 3a em pelo menos uma pata ou uma pontuação de 2 em pelo menos duas patas (Egerton et al., 1979, Egerton e Thorley, 1981), ou quando está presente uma lesão com uma pontuação de 1 (Woolaston, 1993).

Hereditariedade da resistência à podridão do pé

Há muito que são reconhecidas e confirmadas as diferenças de suscetibilidade ao míldio entre raças, quando animais de raças diferentes são expostos uniformemente à infeção em testes experimentais e de campo (Skerman et al., 1982; Emery et al., 1984; Stewart et al., 1985; Cumlivski, 1988; Lewis et al., 1988). Emery et al

(1984) descobriram que as raças britânicas eram mais resistentes à podridão podal do que os Merinos sob exposição moderada ao pastoreio (expressa como menor gravidade, em vez de menos pés afectados), mas não quando as culturas de *D. nodosus* foram aplicadas diretamente em cada casco. Burke e Parker (2007) encontraram diferenças entre raças de pelo, cruzamentos de raças de pelo e ovelhas Dorset no número de pontos do casco afectados pelo foot rot e pelo odor, mas não na gravidade do foot rot (pontuação) ou no abate subsequente.

Há fortes indícios de que, nas raças, a suscetibilidade à infeção pelo míldio é sensível à seleção. Ao comparar a descendência de diferentes carneiros Targhee, Bulgin et al (1988) concluíram que a suscetibilidade ao míldio é hereditária, sem fornecer uma estimativa da hereditariedade. Nos EUA, Parker et al (1983) registaram uma melhoria significativa da resistência à podridão podal na descendência de ovinos Targhee que não tinham sucumbido a um teste artificial preliminar. Na Nova Zelândia, foram demonstrados benefícios semelhantes na estirpe Broomfield de ovinos Corridale, desenvolvida a partir de animais que tinham sido submetidos a uma exposição intensiva à doença no campo (Skerman e Moorhouse, 1987).

As estimativas da hereditariedade da suscetibilidade ao míldio variam. Num estudo de ovelhas Romney e Perendale e dos seus cruzamentos com Booroola Merino, Baker et al (1986) referiram estimativas de 0,34 para a suscetibilidade ao míldio e de 0,03 para a suscetibilidade ao míldio grave. Alwan (1983) registou heritabilidades de 0,53 e 0,23, respetivamente, para as mesmas caraterísticas em ovinos Perendale, e para a raça Romney, Skerman et al. (1988) registaram heritabilidades de 0,28 e 0,17. Num estudo genético após a prova e a vacinação subsequente, Raadsma et al (1994b), trabalhando com ovinos Merino, encontraram estimativas de hereditariedade para a suscetibilidade ao foot rot entre 0,09 e 0,41, dependendo da altura em que as inspecções foram efectuadas após a prova. As estimativas de hereditariedade a meio do tempo para a resistência ao míldio foram baixas a moderadas para observações únicas registadas antes da vacinação (0,07-0,22) e ligeiramente inferiores para inspecções efectuadas após a vacinação (0,07-0,15). Numa população de cordeiros com uma prevalência de podridão podal que variava entre 1% e 34% nas fêmeas e entre 31% e 57% nos machos, Skerman et al (1988) calcularam uma hereditariedade de 0,17 na escala subjacente para a caraterística binária (isto é, presença ou ausência de podridão podal) em cordeiros Romney com 8-9 meses de idade. No mesmo conjunto de dados, a hereditariedade da pontuação global, uma avaliação da gravidade da podridão podal numa escala contínua, foi de 0,14. A hereditariedade estimada numa regressão da descendência para a caraterística binária avaliada aproximadamente na mesma altura foi semelhante (0,12), sugerindo que a caraterística nos borregos desta idade e nas ovelhas é geneticamente semelhante. Raadsma et al (1994a) referiram que, em ovinos Merino deliberadamente infectados, com idades compreendidas entre os 10 e os 21 meses, a hereditariedade da suscetibilidade ao foot rot pode atingir 0,3 quando se utiliza a média de medições repetidas. As hereditariedades mais elevadas foram encontradas quando a podridão podal foi analisada como uma caraterística binária, ou seja, a presença ou ausência de podridão podal, ou podridão podal grave, e utilizando um modelo de limiar. A correlação genética entre casos sucessivos de podridão peduncular após reinfeção variou de 0,14 a 0,95, com uma média de 0,67, sugerindo que diferentes genes estão envolvidos na resposta a casos sucessivos de podridão peduncular.

Variação fenotípica e genética da resistência ao míldio

A saúde animal afecta a economia da produção, o bem-estar dos animais e a segurança dos alimentos, pelo que a prevenção das doenças é geralmente preferível à cura. Quando existe variação genética (a tendência dos genótipos individuais de uma população para variarem uns dos outros) na resistência a uma doença, a seleção pode ser uma medida preventiva útil (Bishop e MacKenzie, 2003).

A variabilidade de uma caraterística descreve a tendência dessa caraterística para variar em resposta a influências ambientais e genéticas. A variação genética e fenotípica numa população é importante para a biodiversidade e a evolução. Esta variabilidade pode afetar a resposta de um indivíduo ao stress ambiental e levar à sobrevivência diferencial de organismos dentro de uma população devido à seleção natural das variantes mais adaptadas; sem variação, é difícil para uma população adaptar-se às mudanças ambientais, tornando-a mais propensa à extinção (Sousa et al., 2011).

A resistência a várias doenças dos animais através da seleção genética foi modelada por Bishop e Stear (2003) e Bishop et al. (2006). Verificou-se uma variação na resistência (ou suscetibilidade) às doenças entre espécies, entre raças e também entre indivíduos de uma mesma raça (Collins e Conington, 2005). A maior parte da investigação sobre a resistência genética às doenças dos ovinos centra-se nos parasitas gastrointestinais, na podridão podal e na mosca varejeira, porque impõem graves limitações económicas aos sistemas de produção de ovinos.

É provável que uma criação bem sucedida de ovinos com maior resistência genética à podridão peduncular, através da incorporação da seleção para a resistência à podridão peduncular em programas estruturados de criação, seja rentável, reduzindo a atual dependência de soluções químicas para controlar a doença, e contribua para uma maior sustentabilidade, melhorando a saúde, o bem-estar e a produtividade dos animais (Collins e Conington, 2005).

Seleção para resistência à podridão do pé

É bem sabido que, para muitas doenças, a resistência tem uma componente genética (Archibald e Bishop, 2006), e a seleção para resistência a doenças tem sido considerada um meio promissor de reduzir a prevalência de doenças (Axford et al., 2000). A seleção para resistência a uma doença infecciosa tem o benefício adicional de reduzir a carga patogénica, particularmente quando a população selecionada é o principal reservatório de agentes patogénicos. Isto pode levar a uma redução adicional da prevalência, para além do efeito genético direto, devido à redução da contaminação por animais infecciosos (Bishop e Stear, 2003). Em geral, é utilizada uma pontuação como marcador fenotípico na seleção para resistência a doenças, que inclui uma classe de animais saudáveis e uma ou mais classes de animais afectados. No caso das doenças endémicas, a grande maioria dos animais pode, em qualquer momento, ser classificada como saudável, o que limita o âmbito da seleção intensiva. Espera-se que um programa de seleção bem sucedido reduza a resposta subsequente à seleção através do aumento da resistência e da redução da carga patogénica (Nieuwhof et al., 2009).

Nos últimos anos, tem havido um aumento significativo da investigação e da aplicação da genética das doenças em ovinos e caprinos, impulsionado por vários factores: uma apreciação crescente do papel que a genética do hospedeiro pode desempenhar no controlo das doenças, um aumento dos instrumentos disponíveis para dissecar a variação genética do hospedeiro na resistência às doenças e uma pressão crescente sobre os criadores para seleccionarem animais mais saudáveis e mais resistentes às doenças infecciosas e metabólicas (Bishop e Morris, 2007). Foram documentadas provas da variação genética do hospedeiro em aspectos da resistência às doenças relativamente a muitas doenças em todas as principais espécies de animais domésticos (Bishop, 2005), e os pequenos ruminantes destacam-se pelo grande número de doenças relativamente às quais foi documentada uma variação genética do hospedeiro.

A avaliação do controlo genético do míldio e a subsequente seleção para resistência são facilitadas pelo facto de a gravidade do míldio ser relativamente fácil de avaliar em condições de campo. Por exemplo, utilizando ovinos Merino australianos, Egerton e Roberts (1971) desenvolveram um método de avaliação das lesões podais, que foi aperfeiçoado por Raadsma (2000) num sistema que separa os sinais clínicos em 8 categorias. Utilizando este sistema, Raadsma et al (1994a) demonstraram uma variação genética substancial na resistência tanto a um desafio com isolados virulentos *de D. nodosus* como a um desafio natural.

Uma aplicação prática desta abordagem foi descrita por Patterson e Patterson (1989), que selecionaram com êxito uma maior resistência ao míldio em ovinos merino. Outras provas da viabilidade da seleção de ovinos para resistência ao míldio por meio de observações fenotípicas são fornecidas por Skerman e Moorhouse (1987), que relataram uma avaliação de linhas de ovelhas Corriedale da Nova Zelândia selecionadas para maior resistência ao míldio. Por conseguinte, a seleção para aumentar a resistência ao míldio utilizando apenas a avaliação fenotípica é possível e viável, desde que o míldio esteja presente no efetivo.

Avaliação fenotípica e genética da resistência ao míldio

Para avaliar as propriedades genéticas da podridão podal e a sua gravidade nos ovinos, é necessário um método fiável e reprodutível de categorizar o fenótipo. Num estudo realizado por Conington et al (2008), a avaliação da lesão do casco foi utilizada para quantificar a podridão podal em ovinos, a fim de selecionar raças resistentes à podridão podal. Embora a seleção utilizando a avaliação das lesões nos cascos se tenha revelado eficaz (Skerman, 1985; Skerman e Moorhouse, 1987; Patterson e Patterson, 1989), se os agricultores mantiverem um estatuto de indemne de podridão podal, a seleção fenotípica não é viável e podem ser necessários marcadores genéticos.

O desenvolvimento e utilização de um teste genético molecular para a resistência ao míldio tem várias vantagens potenciais. É praticamente impossível avaliar e classificar as lesões podais de forma objetiva e reprodutível. Além disso, os marcadores genéticos significam que os animais candidatos à seleção não precisam de ser expostos à infeção para determinar se são ou não geneticamente susceptíveis. Esta abordagem pode também encurtar o intervalo entre gerações (Collins e Conington, 2005).

Um grupo de genes importantes para o controlo da resposta imunitária encontra-se no complexo principal de histocompatibilidade (MHC). Estes genes apresentam uma grande diversidade alélica entre indivíduos, e pensa-se que alguns alelos são mais eficazes do que outros para desencadear uma resposta imunitária a agentes patogénicos específicos. Existem provas que sugerem uma associação entre os polimorfismos genéticos na região do MHC de classe II e a resposta à infeção por foot rot (Litchfield et al., 1993; Escayg et al., 1997). Posteriormente, a variação genética dentro dos loci do MHC de ovinos na região de classe II, particularmente no gene DQA2, foi utilizada para desenvolver marcadores genéticos de resistência ao míldio (Hickford et al., 2004). É importante notar que não foi encontrada qualquer ligação entre a variação das estirpes de *D. nodosus* (das quais existem pelo menos 9 serogrupos que abrangem 18 serótipos subsidiários; Claxton, 1989) e a resistência ao míldio, pelo que a seleção de ovinos resistentes não deve ser comprometida pela variação bacteriana entre estirpes. Por outro lado, as condições ambientais, a nutrição, a genética e outros factores afectam a resistência e a tolerância dos ovinos ao míldio. Estes outros factores podem influenciar a propensão para a resistência, incluindo a forma e a estrutura do pé, a cor do casco e a idade. A interação genótipo-ambiente é outro efeito que ocorre quando um conjunto de genótipos altera o seu desempenho relativo em diferentes ambientes (Falconer, 1981). Estas interações genótipo-ambiente podem ter consequências na eficácia da seleção para melhorar a resistência ao míldio.

Teste de despistagem do marcador genético da podridão do pé

Estudos efectuados por Litchfield et al (1993) e Escayg et al (1997) relacionaram um grupo de genes denominado MHC com a capacidade dos ovinos para tolerar a podridão podal. O MHC desempenha um papel central na resposta imunitária dos vertebrados, com a função de apresentar péptidos antigénicos às células T, e a região do gene de classe II MHC dos ovinos tem uma organização semelhante à dos humanos (Scott et al., 1987).

O Dr. Jon Hickford e uma equipa de investigadores da Universidade de Lincoln, na Nova Zelândia (2004), isolaram um gene MHC específico chamado DQA2 com, pelo menos, 26 alelos diferentes, cada um deles ligado a diferentes níveis de suscetibilidade ou resistência à podridão podal. Esta investigação tornou-se a base de um teste de marcação genética que permite aos criadores de ovinos identificar os ovinos considerados menos susceptíveis à podridão podal.

O teste envolve a recolha de amostras de sangue de ovelhas num pedaço de cartão FTA™. O ADN é então extraído do sangue e analisado para identificar a combinação específica de alelos presentes nessa ovelha. As ovelhas têm dois alelos, o que significa que herdam um alelo de cada progenitor e podem, portanto, transmitir cada alelo à sua descendência numa proporção de cerca de 50:50. Em vez de revelar os alelos exactos possuídos pelas ovelhas, o teste foi codificado numa escala que vai de T (menor probabilidade de ter podridão podal) a 5 (maior probabilidade de ter podridão podal). Os diferentes alelos são colocados nesta escala de acordo com o seu risco relativo de contrair podridão podal. As ovelhas com uma pontuação de 1 ou 2 são consideradas menos susceptíveis de ter podridão podal do que a média, e as ovelhas com uma pontuação de 4 ou 5 são consideradas mais susceptíveis de ter podridão podal do que a média. As ovelhas com uma pontuação de "3" são consideradas ovelhas médias (ou seja, são consideradas mais susceptíveis de contrair podridão podal do que as que têm uma pontuação de "1" ou "2" e menos susceptíveis de contrair podridão podal do que as que têm uma pontuação de "4" ou "5").

Como as ovelhas são portadoras de dois alelos deste gene, obtêm duas pontuações. Qualquer um destes alelos pode ser transmitido a cada descendência, pelo que uma ovelha com uma pontuação de 2/2 pode ser um melhor reprodutor do que uma com uma pontuação de 1/5. A ovelha com uma pontuação de 2/2 transmitirá a todos os seus cordeiros uma resistência bastante boa à podridão dos pés. A ovelha com um resultado de 1/5 terá uma probabilidade de 50/50 de transmitir o alelo de suscetibilidade ao míldio a cada cordeiro (Greer, 2007).

CAPÍTULO III

COMPARAÇÃO DE CERTOS PRODUTOS RESISTENTES E DE OVINOS KATAHDIN SUSCEPTÍVEIS MÍLDIO POR MEIO DE UM MARCADOR GENÉTICO DE TESTE

Resumo

Um polimorfismo nos loci DQA2 e DQA2-like do complexo principal de histocompatibilidade (MHC) foi utilizado para desenvolver um teste de rastreio de marcadores genéticos para identificar genótipos resistentes e susceptíveis em ovinos Katahdin (Escayg et al., 1997). Na Nova Zelândia, está disponível comercialmente um teste de marcadores genéticos do foot rot (FGMT) como ferramenta para selecionar animais mais tolerantes ou resistentes, sem ter de expor os animais à infeção. Por conseguinte, os objectivos do presente estudo consistiram em identificar genótipos resistentes ao míldio em ovinos através do rastreio com o marcador genético DQA2, identificar a termoestabilidade das bactérias patogénicas do míldio e estudar a resposta imunitária do hospedeiro resistente através da medição do nível de imunoglobulina G (IgG) no soro. Foram colhidas amostras de sangue de 600 ovelhas de diferentes idades do rebanho de seleção assistida por marcadores estabelecido na Carver Farm da Universidade de Lincoln para o rastreio e a criação de FGMT (Wuliji et al., 2013a,b). Sessenta e oito ovelhas Katahdin e Katahdin x Dorper foram selecionadas e estratificadas por peso corporal e pontuação no teste do marcador genético da podridão podal (marcador genético de baixa, média e alta resistência à podridão podal) em grupos de controlo (C) e de desafio à doença (D) (n = 34 cada). Os animais selecionados para a experiência de desafio à doença foram geridos num pasto de isolamento especialmente concebido para o efeito, separadamente do grupo de controlo. As culturas de *D. nodosus* foram inoculadas e administradas na pele interdigital do grupo tratado e mantidas com ligaduras durante 5 dias. As lesões podais foram examinadas (incluindo no grupo C, para verificar se havia infeção natural proveniente do ambiente) e registadas semanalmente. Foram colhidas amostras de sangue semanalmente desde o início do ensaio até à sexta semana, tendo sido registadas a contagem de leucócitos, a contagem de eritrócitos, o volume de células compactadas (PCV), o diferencial de leucócitos e as medidas de resposta imunitária. Os animais foram pesados e foram-lhes atribuídas pontuações de condição corporal (BCS) no início e no fim do ensaio para determinar se houve quaisquer alterações de peso. Foi utilizado um teste de gelatina para comparar a termoestabilidade e a atividade enzimática de duas estirpes diferentes *de D. nodosus*. Os dados foram analisados utilizando os procedimentos de modelos mistos do SAS (SAS Inst. Inc., Cary, NC) e P<0,05 foi considerado significativo. No final do ensaio, todas as ovelhas do Grupo C tinham um índice de podridão podal de 0, mas no Grupo D os índices de podridão podal variavam de 0 a 2. Os índices de podridão podal no final do ensaio foram diferentes (P = 0,009) entre os grupos C e D. A média de BCS no início do ensaio foi de 3,2 e diminuiu para 2,5 no final do ensaio (P<0,0001). O ECC médio no final do ensaio foi diferente (P<0,0001) entre os grupos C e D. O peso corporal médio das ovelhas no início do ensaio (54,4 kg) diminuiu para 51,2 kg no final do ensaio ($P < 0,0001$). O peso corporal no final do ensaio foi diferente ($P = 0,0009$) entre os grupos C e D. O número de hemácias por mm^3 foi diferente ($P < 0,0001$) entre os grupos C e D e entre o início e o final do estudo ($P < 0,0001$). As contagens de neutrófilos e linfócitos foram diferentes ($P < 0,05$) no início e no final do ensaio. A percentagem de volume de células sólidas foi diferente ($P = 0,03$) entre os grupos C e D e entre o início e o fim do ensaio ($P < 0,0001$). Os níveis séricos de IgG (mg/ml) foram maiores no grupo D do que no grupo C ($P < 0,0001$). No teste da gelatina, houve uma diferença ($P < 0,0001$) entre os diâmetros das zonas claras de proteólise em torno dos poços inoculados com *D. nodosus* em diferentes tempos de incubação (8 e 16 min). Não foram observadas zonas de proteólise à volta dos poços no grupo de controlo. O teste da gelatina determinou a atividade enzimática do *D. nodosus* inoculado e, como não foram observados casos virulentos de podridão podal durante o teste do agente patogénico da podridão podal, pode constituir uma prova da resistência dos ovinos Katahdin à podridão podal.

Introdução

A podridão podal é uma doença bacteriana crónica e dolorosa dos pés dos ruminantes, causada pela infeção com a bactéria *Dichelobacter nodosus* em associação com outras bactérias, em particular *a Fusobacterium necrophorum* (Egerton et al., 1969; Roberts e Egerton, 1969). A podridão podal é uma causa comum de claudicação em borregos e ovinos adultos. É considerado um dos principais problemas de bem-estar e uma das causas de perdas económicas nos ovinos. A podridão podal é altamente contagiosa e é facilmente transmitida de uma ovelha para outra através do pasto, da cama ou dos compartimentos de maneio, e pode ser propagada por ovelhas que não apresentam sinais clínicos de doença (Nieuwhof e Bishop, 2005).

Os factores ambientais e do hospedeiro desempenham um papel essencial no início e no desenvolvimento da doença (Beveridge, 1934; Graham e Egerton, 1968). A gravidade da doença depende dos factores ambientais, bacterianos e do hospedeiro envolvidos nos diferentes surtos. Em grupos de pequenos ruminantes que vivem no mesmo ambiente, alguns animais são altamente susceptíveis, parcialmente susceptíveis ou resistentes (Egerton, 2002).

Recentemente, a investigação e a aplicação da genética da resistência às doenças em ovinos e caprinos expandiu-se consideravelmente devido a uma série de factores, como a crescente apreciação do papel que a genética do hospedeiro pode desempenhar no controlo das doenças, o aumento dos instrumentos disponíveis para dissecar a variação genética do hospedeiro na resistência às doenças e a pressão crescente sobre os criadores para seleccionarem animais mais saudáveis e mais resistentes às doenças infecciosas e metabólicas (Bishop e Morris, 2007).

Foram efectuados menos trabalhos sobre Quantitative Trait Loci (QTL) ou ensaios de marcadores genéticos para a resistência ao míldio do que sobre a avaliação fenotípica da resistência; no entanto, foram publicadas associações entre a resistência e os marcadores MHC, particularmente na região MHC de classe II (Litchfield et al., 1993; Escayg et al., 1997). Uma associação específica com o gene DQA2 foi utilizada na Nova Zelândia como marcador de resistência ao míldio (Hickford et al., 2004). Este teste está agora disponível comercialmente (Hickford, 2000) e permite selecionar animais mais tolerantes ou mais resistentes, sem ter de expor os animais à infeção.

Os objectivos deste estudo foram selecionar genótipos resistentes à podridão podal em ovinos utilizando o marcador genético DQA2, identificar a termoestabilidade das bactérias patogénicas da podridão podal e estudar a resposta imunitária resistente do hospedeiro medindo o nível de imunoglobulina G (IgG) no soro.

Materiais e métodos

Teste do marcador genético da podridão peduncular (TMGP)

Os alelos do gene DQA2 foram ordenados de acordo com o seu nível de suscetibilidade ou resistência ao míldio e foi-lhes atribuída uma pontuação TMGF entre 1 e 5, sendo que as pontuações 1 e 2 indicam alta resistência e as pontuações 4 e 5 indicam alta suscetibilidade. O rastreio do TMG em ovinos foi efectuado de acordo com os procedimentos estabelecidos por Hickford (2000). Foi colhido sangue fresco da veia jugular dos ovinos rastreados, utilizando seringas de 1 ml equipadas com uma agulha de 20 G. O sangue foi transferido para um FTA especial para o rastreio de doenças infecciosas. O sangue foi transferido para um cartão FTA™ especial para armazenamento de ADN. Depois de os cartões FTA terem sido embebidos com gotas de sangue total, foram deixados a secar completamente à temperatura ambiente e armazenados para testes de marcadores genéticos para resistência/suscetibilidade à podridão do pé. A extração de ADN foi efectuada sequencialmente, perfurando um disco da amostra de sangue no cartão FTA e colocando-o em tubos PCR, seguido de uma lavagem três vezes com tampão TE-1 (10 mM Tris, 0,1 mM EDTA, pH 8,0). O disco foi então seco num tubo de PCR e a solução de mistura principal de PCR foi adicionada diretamente ao disco de amostra de ADN e o ADN extraído foi amplificado. A extração de ADN e os testes de marcadores genéticos foram realizados no Laboratório de Marcadores Genéticos da Universidade de Lincoln (Christchurch, NZ). Os alelos resistentes à podridão peduncular do gene DQA2 foram identificados para cada espécime, atribuídos a pontuações GMFT e registados para cada animal. As listas de pontuações GMFT foram utilizadas para selecionar animais classificados de alta (1) a baixa (5) resistência ao míldio. Embora as pontuações GMFT tenham sido fornecidas em facções bialélicas (1,1; 1,5; 4,5; e 5,5), os animais foram selecionados de acordo com os valores de pontuação numérica mais baixos, assumindo que a expressão do gene tinha um efeito dominante (ou seja, 1,5 é = 1).

Marcação de lesões podais, esfregaço e preparação de inoculantes bacterianos

Foram diagnosticadas infecções naturais e induzidas por desafios no pé, as lesões do pé foram avaliadas e foram colhidas amostras de esfregaço para cultura bacteriana. O nosso sistema de pontuação das lesões do pé foi adotado a partir do procedimento desenvolvido por Egerton e Roberts (1971), que se baseava numa escala de 5 pontos (0-4). Assim, um pé saudável corresponde a uma pontuação de 0, enquanto o footrot ligeiro (1) se caracteriza por uma inflamação do espaço interdigital com exsudados vermelhos e frequentemente brancos e pastosos; é provavelmente acompanhado de uma ligeira claudicação. O footrot intermédio (2) corresponde a uma extensão destes sintomas, acompanhada de um levantamento do pé quando se está de pé ou de claudicação. Os animais com footrot virulento (3) estão claramente em sofrimento e transportam a pata afetada com um coxear constante. Verifica-se uma grave subcirculação e danos nos tecidos da parede exterior do casco e da sola. Os animais com podridão podal virulenta (3) estão claramente em sofrimento e transportam a pata afetada com claudicação constante e danos graves nos tecidos da parede externa do casco e da sola. As amostras de esfregaços de lesões podais para cultura foram colhidas do espaço cutâneo interdigital entre os dedos, as solas ou os cascos, utilizando esfregaços de algodão esterilizados. Foram colhidas duas zaragatoas de cada animal; uma foi armazenada num tubo de transporte de carne picada (Anaerobe Systems, CA) para cultura e identificação bacteriana, enquanto a outra foi obtida para isolamento do ADN bacteriano. Para esta última amostra, as extremidades de algodão das zaragatoas foram cortadas em tubos de 1,5 ml contendo 1 ml de solução salina tamponada com fosfato (PBS; 145 mM NaCl, 8,7 mM Na_2HPO_4, 1,2 mM NaH_2PO_4, pH 8,0) e 20 mM Na_2EDTA e armazenadas a -80°C. As amostras de esfregaço foram transferidas para uma câmara de cultura anaeróbia e semeadas em placas de meio de transporte desoxigenado, previamente preparadas, e cultivadas a 37°C durante 72 horas para isolamento de colónias bacterianas da cultura primária no laboratório. Foram efectuados esfregaços das patas de alguns animais não infectados para obter um isolado de referência.

Preparação de inoculantes bacterianos para o foot rot

Duas estirpes de *D. nodosus*, ATCC 25549 (EUA) e ATCC 31545 (Austrália), foram obtidas da American Type Culture Collection (ATCC, Manassas, Virgínia).

propagação. Cada frasco foi lavado assepticamente com 0,5 ml de caldo de cultura líquido para tubos de carne picada e o pellet foi re-hidratado no caldo, tendo depois o stock bacteriano sido transferido para a cultura para tubos de carne picada e incubado durante 24 horas a 37 °C. Os inoculantes bacterianos foram cultivados numa câmara anaeróbia durante 5 dias antes da experiência de provocação através da subcultura de estirpes *de D. nodosus* em meio de cultura Brucella Blood Agar utilizando sementeira em placas (24 = 12 placas/cada estirpe). As colónias bacterianas cultivadas foram examinadas através da preparação de lâminas de esfregaço, coloração de Gram e exame microscópico. As colónias bacterianas foram limpas com algodão ligeiramente humedecido com PBS no local, seguradas com uma pinça e cuidadosamente coladas às feridas no espaço interdigital entre os dedos dos pés das ovelhas doentes, tendo depois sido espalhada uma única camada de gaze sobre o local da ferida interdigital.

Bactérias Determinação da termoestabilidade da protease *de D. nodosus*

O método para determinar a termoestabilidade das proteases baseia-se no método de Palmer (1993). O gel de substrato consistia em 1,0% (p/v) de agarose, gelatina (p/v), 20 mM de base TRIS, 0,5 mM de $CaCl_2$, pH 8,8, dissolvido por ebulição e vertido numa placa de vidro. Para testar as amostras, foram efectuados 4 furos no gel e a superfície do gel foi deixada a secar à temperatura ambiente durante 2 horas. As culturas de isolados *de D. nodosus* foram cultivadas em meio de carne picada durante 2 dias a 37°C e a sua pureza foi verificada por exame microscópico. As culturas atingiram normalmente uma contagem de 2

X 10^7 por ml e foram depois diluídas 0,5 ml em 1,5 ml de tampão (0,1M HEPES; 0,01M $CaCl_2$, pH 8,5).

Foram colocadas alíquotas (100 pl) de amostras diluídas não aquecidas num dos poços de gelatina e a amostra restante foi colocada num banho de água a 68°C. Foram pipetadas mais alíquotas de 100 pl das amostras após tempos de incubação de 8 e 16 min e colocadas nos poços apropriados. Tampão (100 pl; 0,1M HEPES; $CaCl_2$ 0,01M, pH 8,5) foi colocado nos poços como controlo. O gel foi então colocado na câmara anaeróbia e incubado a 37°C durante 18 horas. A gelatina não hidrolisada foi então precipitada por imersão do gel numa solução saturada de sulfato de amónio a 70°C. Foram tiradas fotografias das placas e as áreas claras de proteólise à volta dos poços inoculados foram medidas utilizando o software Scion Image (versão 9.20, Scion Corporation).

O desafio patogénico da pododermatite

As ovelhas Katahdin e Katahdin x Dorper (n = 68) foram confinadas num ambiente quente e húmido durante 7 dias. Os animais foram estratificados de acordo com o peso corporal e a pontuação FGMT (marcador genético de baixa, média e alta resistência ao míldio) em grupos de controlo (C) e de desafio à doença (D) (n = 34 cada), que foram submetidos a um tratamento de inoculação com *D. nodosus.* As ovelhas do grupo D foram equipadas com uma bota de plástico cheia de estrume de ovelha/efluente de estábulo na pata dianteira direita durante mais 5 dias, a fim de as preparar para o desafio com o agente patogénico. Todos os animais foram examinados quanto à incidência de podridão podal e escaldão, e as pontuações de podridão podal foram registadas utilizando um sistema de pontuação objetivo. Após o exame, os animais foram desafiados de acordo com os procedimentos estabelecidos na Universidade de Lincoln por Wuliji (2011), modificados a partir do procedimento de Ghimire et al. (1999) e Emery et al. (1984). A pele interdigital foi picada com uma micro-lanceta ou lâmina para criar um ponto de exposição (5-8 mm) para inoculantes bacterianos. Um meio pré-preparado de inoculantes bacterianos em fita adesiva foi fixado à pele interdigital/área da ferida do pé direito dos animais do estudo, ligado à coroa do casco e mantido com ligaduras durante 5 dias. As botas de plástico foram novamente colocadas nas patas dos animais infectados após a inoculação. O comportamento dos animais foi observado diariamente e foi registada qualquer evolução sintomática durante o período de ensaio. As pontuações de podridão podal e de lesões foram examinadas (incluindo controlos) e registadas. No final da experiência de desafio, todos os animais foram examinados e tratados com injecções e pulverizações de antibióticos de ação prolongada durante quinze dias ou até ao desaparecimento do agente patogénico. Os animais foram alimentados juntos num curral durante 2 semanas antes do teste, 6 semanas para o teste e 4 semanas para a observação pós-teste. Foram tomadas precauções para evitar a contaminação cruzada entre grupos durante a alimentação e a manipulação. Os animais foram examinados semanalmente e classificados de acordo com a gravidade das lesões podais. Qualquer animal com uma pontuação de 2 ou mais numa ou mais patas foi definido como "afetado".

As lesões podais foram examinadas (incluindo no grupo C, para verificar se havia infeção natural do ambiente) e registadas semanalmente. Foram colhidas amostras de sangue semanalmente, desde o início do ensaio até à sexta semana, e efectuou-se a contagem de leucócitos, a contagem de eritrócitos, o volume de células compactadas (PCV) e o diferencial de leucócitos para determinar a percentagem de neutrófilos, linfócitos, eosinófilos, monócitos e basófilos. A medição quantitativa da resposta imunitária através da imunoglobulina G (IgG; mg/ml) à infeção com podridão peduncular foi efectuada utilizando um kit ELISA (GenWay, Biotech, Inc.). Os animais foram pesados e receberam um índice de condição corporal (ECC) no início e no fim do teste.

No final da fase de desafio, todas as ovelhas foram examinadas e as que não apresentavam sintomas de podridão podal nem lesões foram consideradas resistentes ao tratamento. Foram efectuadas culturas bacterianas e as ovelhas foram tratadas com um spray antibiótico e pó Hoof Phast (Mid-States Wool Growers) num pedilúvio duas vezes por semana durante 3 semanas. Após 3 semanas de tratamento, as ovelhas foram reinspeccionadas, as lesões de podridão podal foram registadas e foram colhidos esfregaços para isolamento e identificação bacteriana. As ovelhas do grupo experimental foram abatidas no final do ensaio.

Contagem de glóbulos brancos

Uma amostra de sangue total foi colhida exatamente até à marca de 0,5 numa pipeta de diluição de glóbulos brancos, depois uma solução de ácido clorídrico a 1% (que lisa os glóbulos vermelhos não nucleados) foi imediatamente colhida até à marca "11" e misturada durante 3 a 5 minutos para assegurar uma distribuição uniforme das células. O líquido não misturado e relativamente livre de células na parte capilar da pipeta foi expelido (normalmente 4 gotas). Foi utilizado um hemocitómetro de Neubauer como câmara de contagem. Deixou-se que as células assentassem durante cerca de 3 minutos e contou-se o número de glóbulos brancos nos quatro cantos de 1 mm((2) in) de ambas as câmaras. A fórmula é a seguinte:

GB por mm^3 = Número médio de leucócitos contados em ambas as câmaras x diluição (20) Volume (0,4)

Contagem de glóbulos vermelhos

Utilizando uma pipeta de diluição de glóbulos vermelhos, uma amostra de sangue total foi colhida exatamente até à marca de 0,5; em seguida, a solução de Ringer (860 mg de NaCl, 30 mg de KCl, 35 mg de CaCl2 dissolvidos em 100 ml de água destilada) foi colhida até à marca de "101" e bem misturada. Metade da pipeta foi esvaziada para um recipiente de resíduos e o hemocitómetro de Neubauer foi utilizado como câmara de contagem. As células foram deixadas em repouso durante 1 minuto e o número de hemácias foi contado em cada um dos cinco campos (cada um com 16 pequenos quadrados). O número de hemácias por mm^3 foi calculado somando as células dos 5 grupos e multiplicando por 10.000.

Medição do volume celular (PCV)

Para o PCV, um tubo de microhematócrito foi imerso em sangue e o sangue foi elevado até ao nível desejado de dois terços a três quartos. Depois de limpar o exterior do tubo do excesso de sangue ( ), o fundo do tubo foi selado com massa de vidraceiro. Os tubos foram colocados numa centrífuga de microhematócrito e centrifugados durante 1 minuto a 10 000 rpm. O sangue foi separado em camadas (plasma, camada leucocitária e plaquetas e glóbulos vermelhos). O tubo de hematócrito centrifugado é colocado num leitor, com o topo da camada de argila a 0% e o topo da camada de plasma a 100%. A percentagem de glóbulos vermelhos lida no topo da camada de glóbulos vermelhos representa o PCV.

Teste diferencial de contagem de glóbulos brancos

Os esfregaços de sangue foram espalhados em lâminas de vidro para a contagem do número de neutrófilos, basófilos, linfócitos, eosinófilos e monócitos (contagem diferencial de células) por exame microscópico após coloração de Wright (95 ± 1%; SEM). As lâminas foram deixadas à temperatura ambiente durante 2 minutos para secar e depois fixadas durante pelo menos 30 segundos em metanol absoluto. O metanol foi removido inclinando as lâminas e a solução de coloração filtrada (0,3 g de pó de coloração de Wright dissolvido em 100 ml de metanol absoluto) foi aplicada durante 2 minutos numa lâmina posicionada horizontalmente. Adicionou-se uma solução-tampão (KH_2PO_4, anidro, 6,63 g; Na_2HPO_4, anidro, 2,56 g; água destilada até 1 000 ml), que se misturou suavemente com a coloração, deixando-se depois repousar durante 3 minutos. As lâminas foram lavadas com água (destilada) durante 30 s. Utilizou-se uma objetiva de baixa potência (objectivas de 10 x) no microscópio de luz para verificar a distribuição diferencial aproximada das células. Em seguida, foi utilizada a objetiva de alta potência de 40x para efetuar uma contagem diferencial de 100 células. Foram contados 100 glóbulos brancos e determinada a percentagem de neutrófilos, basófilos, linfócitos, eosinófilos e monócitos.

Teste de resposta imunitária

O sangue recolhido por vacutainer das veias jugulares das ovelhas dos grupos de controlo (n = 34) e de tratamento (n = 34) durante o desafio com o agente patogénico da podridão peduncular foi centrifugado a 2000 rpm durante 5 minutos para separar o soro e a medição quantitativa da resposta imunitária por imunoglobulina G

(IgG; mg/ml) à infeção por podridão peduncular foi medida utilizando um kit ELISA (GenWay, Biotech, Inc. San Diego, CA).

Análise estatística

Os dados foram analisados utilizando os procedimentos de modelos mistos do SAS (SAS Inst. Inc., Cary, NC) e $P< 0,05$ foi considerado significativo.

O escore de condição corporal, o peso corporal e os escores de podridão podal no final do ensaio, PCV, WBC, RBC, IgG foram ajustados como variáveis dependentes. O índice de condição corporal e o peso corporal no início do ensaio foram ajustados como covariáveis. O grupo de marcadores genéticos, o grupo de desafio (controlo e tratamento) e a raça foram ajustados como variáveis independentes de interesse. No teste da gelatina, o diâmetro das zonas claras de proteólise em torno dos poços inoculados foi ajustado como variável dependente e o tempo de incubação e a estirpe bacteriana foram ajustados como variáveis independentes de interesse. As diferenças nas médias dos mínimos quadrados foram testadas utilizando o método da diferença significativa honesta (HSD) de Tukey.

Resultados

Bacillus licheniformis, Bacillus safensis, Enterococcus faecalis, E.coli, Staphylococcus epidermidis e *Staphylococcus aureus* foram isolados a partir de esfregaços de cultura do espaço interdigital no final do ensaio. As pontuações de podridão podal e de lesão das ovelhas dos grupos C e D eram 0 (cascos normais) no início do ensaio de patogenicidade da podridão podal. No final do ensaio, todas as ovelhas do grupo C tinham um índice de podridão podal de 0, mas no grupo D os índices de podridão podal variavam de 0 a 2. Não houve diferença (P = 0,88) entre os índices de podridão podal dos diferentes grupos de marcadores genéticos de podridão podal no final do ensaio. O índice de podridão podal no final do ensaio foi diferente (P = 0,01) entre os grupos Cand D. A raça das ovelhas não afectou (P = 0,01) o índice de podridão podal dos grupos Cand D. A raça das ovelhas não afectou (P =

0,38) o índice de podridão podal no final do ensaio. A interação entre o grupo de desafio e o marcador (P = 0,87), entre a raça e o marcador (P = 0,11), entre o grupo de desafio e a raça (P = 0,38) e entre o grupo de desafio e a raça e o marcador (P = 0,11) não teve qualquer efeito sobre o índice de podridão podal no final do ensaio. A cor do casco não afectou (P = 0,12) o índice de podridão podal no final do ensaio (Quadro 1).

O ECC médio das ovelhas no início do ensaio era de 3,2 e diminuiu para 2,5 no final do ensaio (P < 0,0001). A média do escore de condição corporal no final do ensaio foi maior no Grupo C do que no Grupo D (P < 0,0001; Figura 1). O escore de condição corporal não diferiu (P = 0,35) entre os grupos de marcadores. A raça ovina não afectou (P = 0,46) a pontuação da condição corporal no final do ensaio. A interação entre o grupo de desafio e o marcador (P = 0,77), entre a raça e o marcador (P = 0,38), entre o grupo de desafio e a raça (P = 0,72) e entre o grupo de desafio e a raça e o marcador (P = 0,62) não afectou o índice de condição corporal no final da prova.

O peso corporal médio das ovelhas no início do ensaio (54,4

kg) caiu para 51,2 kg no final do ensaio ($P < 0,0001$). O peso corporal no final do ensaio foi maior no grupo C do que no grupo D ($P = 0,0009$; Figura 2). O peso corporal não foi diferente ($P = 0,26$) entre os diferentes grupos de marcadores. A raça das ovelhas não afectou ($P = 0,58$) o peso corporal no final do ensaio. A interação entre o grupo de desafio e o marcador ($P = 0,79$), entre a raça e o marcador ($P = 0,71$), entre o grupo de desafio e a raça ($P = 0,09$) e entre o grupo de desafio e a raça e o marcador ($P = 0,11$) não teve qualquer efeito no peso corporal no final do ensaio.

O número de hemácias e leucócitos por mm^3 foi calculado semanalmente nos grupos C e D. O número de hemácias por mm^3 não foi diferente (P = 0,31$^{)}$ entre os grupos de marcadores. O número de hemácias por mm$^{(3}$) não foi diferente ($P = 0,31$) entre os grupos de marcadores. O número de hemácias por mm^3 foi maior no grupo D do que no grupo C ($P < 0,0001$). O número de leucócitos por mm^3 não diferiu ($P = 0,76$) entre os diferentes grupos de marcadores. O número de leucócitos por mm^3 não foi diferente ($P = 0,96$) entre os grupos C e D e entre o início e o fim do ensaio ($P = 0,77$; tabela 2). A contagem de neutrófilos aumentou da linha de base para o ponto final (P = 0,04), mas a contagem de linfócitos diminuiu da linha de base para o ponto final (P = 0,03). O número de eosinófilos (P = 0,62), monócitos (P = 0,5) e basófilos (P = 0,76) não diferiu entre o início e o fim do ensaio (tabela 3). A percentagem de PCV não foi diferente (P = 0,17) entre os diferentes grupos de marcadores, mas foi maior no grupo D do que no grupo C (P = 0,03) e foi maior no início do que no final do ensaio (P < 0,0001; tabela 2).

O nível sérico de IgG (mg/ml) não diferiu *(P* = 0,45) entre os diferentes grupos de marcadores, nem entre o início e o fim do ensaio (P > 0,05). Os níveis séricos de IgG (mg/ml) foram mais elevados no grupo D do que no grupo C (P < 0,0001; figura 3).

Os diâmetros das zonas claras de proteólise à volta dos poços inoculados no teste da gelatina determinaram a termoestabilidade e a atividade enzimática de *D. nodosus* (figura 4). Não se registou qualquer diferença (P = 0,99) entre os diâmetros das zonas claras de proteólise em torno dos poços inoculados com duas estirpes bacterianas diferentes. Os diâmetros das zonas claras de proteólise à volta dos poços inoculados diminuíram (P < 0,0001) após 8 e 16 minutos de incubação (Figuras 5 e 6). Não foram observadas zonas claras de proteólise à volta dos poços nas amostras de controlo (Figura 4).

Discussão

As pontuações de podridão podal dos animais do grupo de controlo foram nulas durante o ensaio, o que sugere que não houve infeção natural do ambiente. Dez dos 34 animais do grupo de tratamento apresentavam podridão podal de nível 1, que corresponde a uma dermatite interdigital ligeira ou escaldadura com perda de pelo e inflamação ligeira a moderada limitada à pele interdigital. Dois dos 34 animais tinham podridão podal de nível 2, com dermatite interdigital mais extensa e inflamação necrosante da pele interdigital, e 22 dos 34 animais tinham cascos normais com podridão podal de nível 0. As podridões podais de nível 3 e 4 não foram observadas em nenhum animal, o que pode ser devido à baixa potência das bactérias inoculadas. A pontuação do marcador genético do footrot, a raça da ovelha e a cor do casco não afectaram a pontuação do footrot no final do ensaio.

É de notar que foram colhidas amostras do espaço interdigital das patas das ovelhas no final do ensaio e que *D. nodosus* e *F. necrophorum* não foram isolados destas zaragatoas de cultura. No entanto, a temperatura média diária na altura do ensaio era inferior a 10°C, mas as botas de plástico foram utilizadas para simular as condições de um desafio ao agente patogénico da podomicose. Zonas claras de proteólise à volta dos poços inoculados no teste da gelatina demonstraram a atividade de protease de *D. nodosus.* Após 8 e 16 minutos de incubação a 68°C, o diâmetro desta zona diminuiu, mostrando a termoestabilidade das enzimas da bactéria e a diminuição da atividade enzimática. Tanto *o F. necrophorum* como *o D. nodosus* são essenciais para a invasão da matriz epidérmica do casco e nenhuma das espécies bacterianas, por si só, pode causar uma lesão podal. *O F. necrophorum* coloniza primeiro o *estrato córneo*, o que facilita a infeção por *D. nodosus.* A infeção estabelecida por *D. nodosus* permite que *F. necrophorum* penetre mais profundamente no tecido, causando mais inflamação e destruição do tecido epidérmico (Egerton et al., 1969; Roberts e Egerton, 1969). Neste estudo, foram utilizadas micro-lancetas para criar um ponto de exposição aos inoculantes bacterianos para criar o apodrecimento do pé.

As ovelhas Katahdin são ovelhas de pelo consideradas resistentes aos parasitas internos e à podridão podal. Neste estudo, nenhum dos animais apresentou sinais de podridão podal virulenta. O marcador genético para a podridão podal e a raça das ovelhas não afectaram significativamente a pontuação da podridão podal no final do ensaio.

O índice de condição corporal é uma ferramenta prática de gestão que deve ser utilizada em conjunto com estratégias nutricionais e outras estratégias de gestão para otimizar a produção do rebanho. Os índices de condição corporal são subjectivos por natureza e utilizam um sistema de pontuação de cinco pontos (1-5) para classificar as ovelhas de acordo com a gordura corporal. O peso corporal médio e o índice de condição corporal das ovelhas diminuíram ao longo do ensaio e as ovelhas do grupo tratado perderam mais peso e índice de condição corporal do que as do grupo de controlo. A perda de peso pode ter sido devida ao stress (colocação de botas de plástico, inoculação bacteriana) induzido durante o ensaio.

O número de neutrófilos aumentou ($P < 0,05$) no final do teste. A infeção bacteriana, o stress agudo ou o trauma podem aumentar a contagem de glóbulos brancos. Uma contagem elevada de glóbulos brancos pode dever-se a uma inflamação ou a uma resposta imunitária (The Merck Veterinary Manual, 2013).

Quando um linfócito B encontra um antigénio, é estimulado a tornar-se um plasmócito ou uma célula B de memória. As células plasmáticas libertam anticorpos também conhecidos como imunoglobulinas (IgG). A IgG é a classe de anticorpos isotipo mais prevalente no sangue e no fluido extracelular que controla a infeção dos tecidos corporais (The Merck Veterinary Manual, 2013). Neste estudo, os níveis séricos de IgG nos grupos de tratamento e de controlo estavam dentro do intervalo normal (7,6-40 mg/ml), mas eram mais elevados no grupo de tratamento do que no grupo de controlo ($P<0,0001$). Como não ocorreu nenhuma infeção ativa nos animais, os níveis séricos de IgG permaneceram dentro da gama normal, tanto no grupo de controlo como no grupo de tratamento, e o nível mais elevado de IgG no grupo de tratamento pode dever-se à inoculação bacteriana ou a uma maior perceção do stress (Maes et al., 1997).

Os neutrófilos interagem com o sistema imunitário adaptativo ligando-se a IgG em micróbios opsonizados (Pasquier et al., 2005; Tsuboi et al., 2008). Os neutrófilos também produzem uma citocina, o BAFF (fator de ativação das células B), que promove a sobrevivência e a diferenciação das células B e dos plasmócitos secretores de imunoglobulinas (Scapini, 2003; Schneider et al., 1999), desencadeia a produção de IgM e a passagem de uma classe IgM para uma classe IgG ou IgA (Litinskiy, 2002; Heetal.,2010).

O teste do marcador genético do foot rot é um método útil para distinguir e selecionar animais mais resistentes ao foot rot sem induzir bactérias ou causar stress. No entanto, neste estudo, o painel de marcadores genéticos não afectou o BCS, o peso corporal, os índices de podridão podal, o PCV, os números de hemácias e leucócitos, o diferencial de leucócitos e o nível de IgG no soro no final do teste. O teste da gelatina determinou a atividade enzimática da bactéria, mas no presente estudo não se verificou qualquer podridão podal virulenta e apenas dois animais foram afectados com uma classificação de podridão podal de 2. Por conseguinte, a ausência de classificações de podridão podal de 3 e 4 pode dever-se à baixa potência da bactéria inoculada no teste ou ao facto de o Katahdin ser considerado resistente à podridão podal.

Figura 1: Comparação da pontuação média da condição corporal no final do ensaio entre o grupo de controlo (C) e o grupo tratado (D) (P<0,0001).

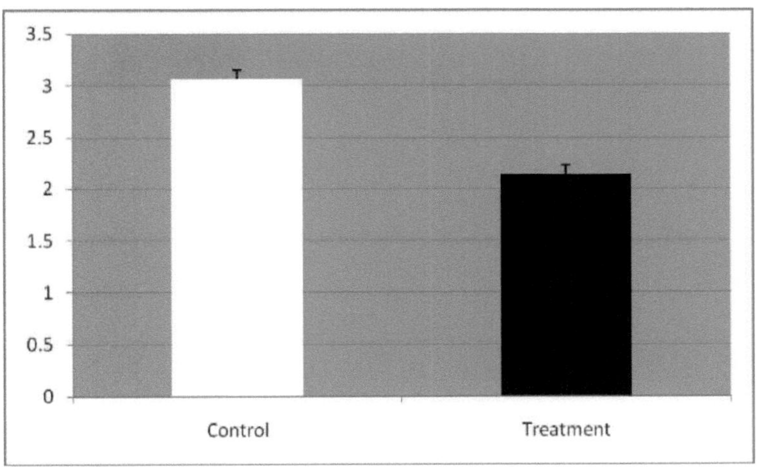

Figura 2: Comparação do peso corporal médio no final do ensaio entre o grupo de controlo (C) e o grupo tratado (D) (P = 0,0009) o grupo de controlo (C) e o grupo tratado (D) *(P = 0,0009).*

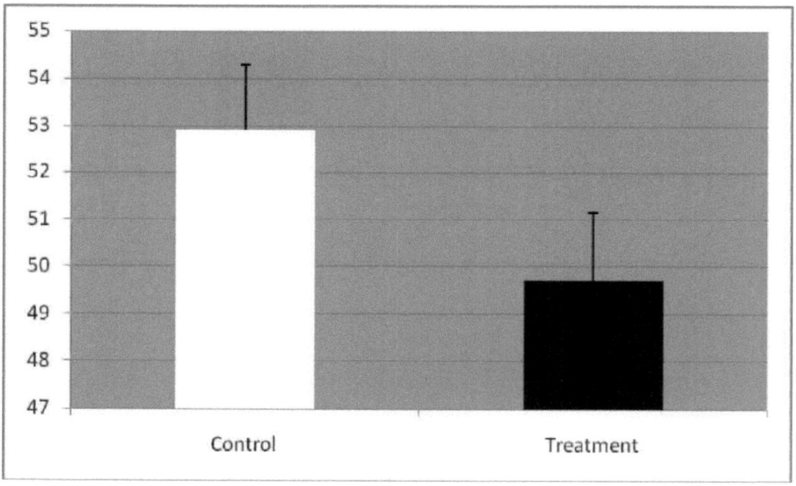

Figura 3: Comparação dos níveis de IgG nos soros dos grupos de controlo (C) e tratados (D). (P< 0,0001).

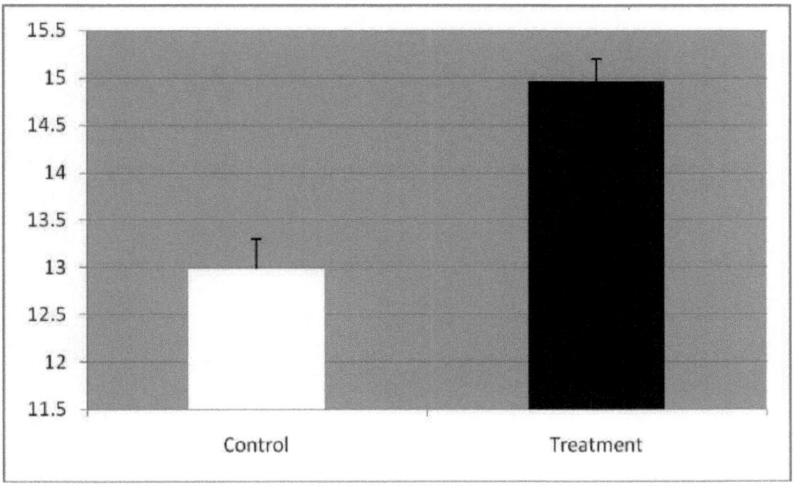

Figura 4: Zonas claras de proteólise à volta dos poços inoculados com *D. nodosus* no teste da gelatina antes da incubação (dois poços no fundo da placa de Petri). Não foram observadas zonas claras à volta dos poços do grupo de controlo (dois poços na parte superior da placa de Petri).

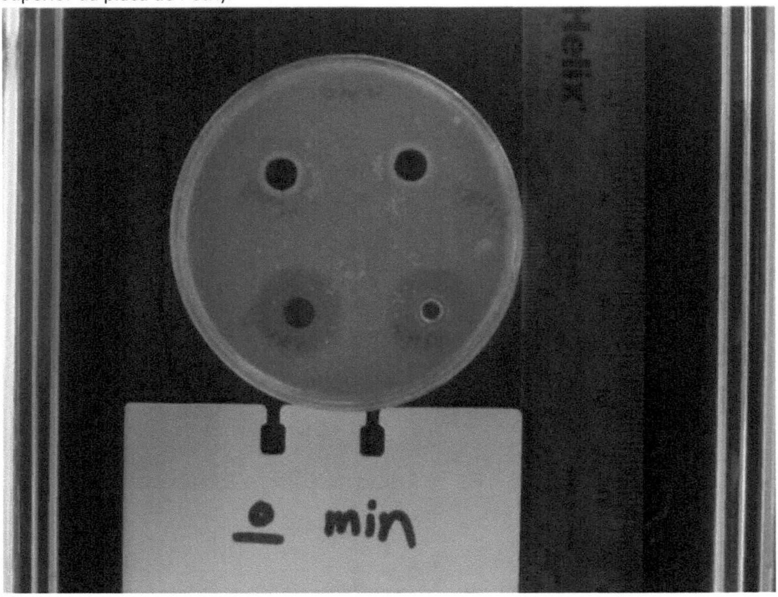

Figura 5: Áreas claras de proteólise à volta dos poços inoculados com *D. nodosus* no ensaio de gelatina com 8 minutos de incubação (P < 0,0001).

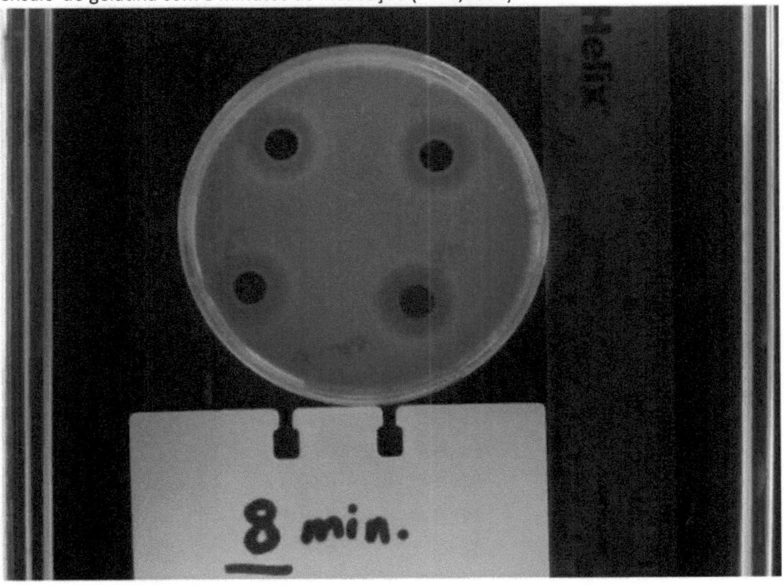

Figura 6: Áreas claras de proteólise à volta dos poços inoculados com *D. nodosus* no ensaio de gelatina após 16 minutos de incubação (P<0,0001).

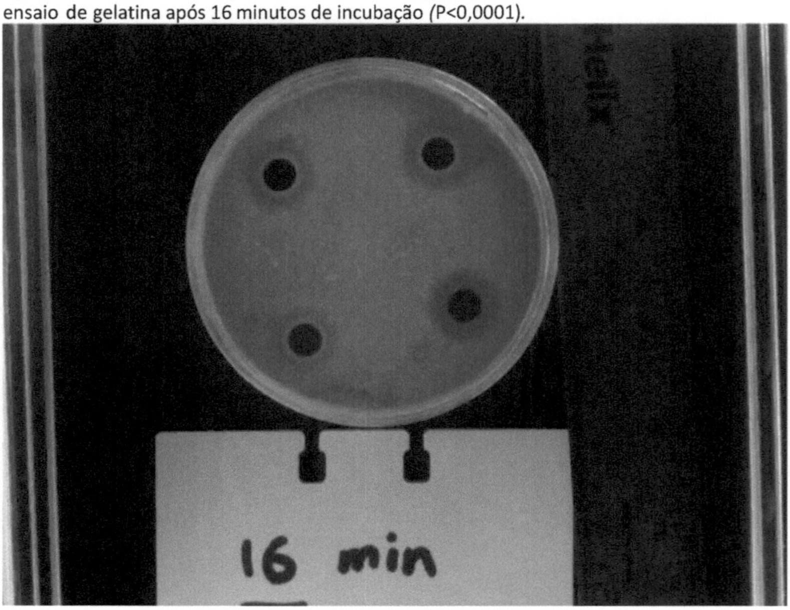

Tabela 1: Pontuação do foot rot de acordo com a cor do casco, marcador genético (baixa, média e alta resistência) e raça no grupo de tratamento (D).

	Pontuação Footrot	Cor do sapato			Marcador genético			Raça	
		Branco	Preto	Colorido	LR	RM	RH	Katahdin	Katahdin x Dorper
Número de ovelhas	0	5	4	13	7	9	6	14	8
	1	1	5	4	5	3	2	8	2
	2	0	1	1	0	1	1	1	1

Tabela 2: Contagens médias de glóbulos vermelhos, glóbulos brancos e PKV nos grupos de controlo (C) e de tratamento (D) na linha de base (CB e DB) e no final do ensaio (CE e DE). (D) na linha de base (CB e DB) e no final do ensaio (CE e DE).

Grupo	RBC/pl	WBC/pl	%PCV
CB	10,57xl0^{6}±1,29	5,87xl0^{3}±6,64	34.76±5.91
CE	5,28xl0^{6}±1,74	5,85xl0^{3}±5,12	29.15±2.07
BD	10,65xl0^{6}±1,3	5,88xl0^{3}±5,97	31.25±2.04
DE	10,82xl0^{6}±1,19	5,89xl03±6,01	31.02±2.64

Tabela 3: Contagem diferencial de leucócitos nos grupos C e D no início (CB e DB) e no final do ensaio (CE e DE).

Grupo	Neutrófilo	Linfócito	Eosinófilos	Monócitos	Basófilo
CB	51.16±5.38	43.66±4.84	2.93±1.99	1.2±0.55	1.03±0.49
CE	53.63±4.35	40.8±4.21	3.36±1.58	1.13±0.43	1.06±0.36
BD	51.05±7.82	43.35±7.78	3.58±1.76	0.94±0.77	1.05±0.54
DE	53.82±7.17	41.11±7.7	2.97±1.46	I.II±0.4	0.97±0.45

CAPÍTULO IV

COMPARAÇÃO DA EFICIÊNCIA FAGOCÍTICA DOS GLÓBULOS BRANCOS EM GENÓTIPOS RESISTENTES E SUSCEPTÍVEIS AO FOOT ROT GENÓTIPOS SUSCEPTÍVEIS DE OVINOS KATAHDIN

Resumo

A produção e a ativação de fagócitos são funções centrais do sistema hematopoiético. Os neutrófilos são o tipo de glóbulo branco mais abundante nos mamíferos e constituem uma parte essencial do sistema imunitário inato. O objetivo deste estudo foi comparar a eficiência fagocítica dos neutrófilos em genótipos de ovinos Katahdin resistentes e susceptíveis à podridão podal. Trinta e sete ovelhas e carneiros Katahdin foram selecionados utilizando marcadores genéticos para alta resistência (HR) e baixa resistência (LR) à podridão peduncular. Foram colhidas amostras de sangue em tubos vacutainer (2 x 10 ml) contendo EDTA todas as semanas durante 8 semanas.

Foram efectuados esfregaços de sangue em lâminas de vidro para determinar a percentagem de neutrófilos no sangue total. Os neutrófilos foram isolados utilizando uma técnica de gradiente de Percoll e corados com azul de tripan 0,8 mM para determinar a percentagem de células viáveis. Em seguida, 1 ml de neutrófilos recentemente isolados foi inoculado com 1 ml de *Lactobacillus casei* ($2x10\ ^{7}$/ml) em PBS e incubado com rotação a $37^{O}C$ durante três períodos de tempo. As amostras de controlo foram incubadas em PBS apenas com neutrófilos para ter em conta o crescimento bacteriano durante o ensaio. Em intervalos específicos de 20, 40 e 60 minutos, o número de bactérias sobreviventes no sobrenadante (extracelular) foi determinado através da contagem de colónias em placas de cultura para estimar a eficiência fagocítica dos neutrófilos. Os dados foram analisados utilizando procedimentos de modelo misto SAS (medidas repetidas) e $P < 0{,}05$ foi considerado significativo. A viabilidade média dos neutrófilos extraídos foi de 95% em cada amostra individual no momento da inoculação. A percentagem de neutrófilos no sangue total não foi diferente (P = 0,48) entre os dois genótipos e entre carneiros e ovelhas (P = 0,36). O efeito da interação entre o marcador genético e o sexo sobre a percentagem de neutrófilos no sangue total não foi diferente (P = 0,38). Houve diferenças significativas na contagem de colónias bacterianas após a adição de neutrófilos e períodos de incubação entre os dois genótipos (P = 0,0006) ou entre carneiros e ovelhas (P = 0,02). O número de colónias bacterianas diminuiu após 20, 40 e 60 minutos de incubação (P < 0,001). A interação entre o sexo e os grupos de marcadores genéticos afectou (P = 0,0005) o número de colónias bacterianas após a adição de neutrófilos. A interação entre o tempo de incubação e os grupos de marcadores genéticos (P = 0,25) e a interação entre o sexo e o tempo de incubação (P = 0,49) não afectou o número de colónias bacterianas após a adição de neutrófilos.

número de colónias bacterianas após a adição de neutrófilos. A interação entre o sexo, o tempo de incubação e os grupos de marcadores genéticos não afectou o número de colónias bacterianas após a adição de neutrófilos (P = 0,93). O número de colónias bacterianas no stock bacteriano sem neutrófilos aumentou (P < 0,001) após 20, 40 e 60 minutos de incubação. Não foi observado qualquer crescimento de colónias bacterianas nas amostras de controlo. Os neutrófilos dos genótipos altamente resistentes de ovinos Katahdin tinham uma atividade fagocítica significativamente mais eficaz do que os genótipos fracamente resistentes.

Introdução

A imunidade inata é a primeira linha de defesa do hospedeiro contra os micróbios patogénicos. Os seus principais componentes celulares são os fagócitos, como as células dendríticas (DCs), os macrófagos e as células polimorfonucleares (PMNs), incluindo neutrófilos, eosinófilos e basófilos (Wu et al., 2013). O processo de engolfamento de uma partícula sólida por um fagócito para formar um fagossoma interno é chamado fagocitose, que é uma forma específica de endocitose que envolve a internalização vesicular de sólidos, como as bactérias. Este processo é um dos principais mecanismos utilizados para eliminar agentes patogénicos, detritos celulares, bactérias, células mortas de tecidos e pequenas partículas minerais (Parham, 2009).

Os fagócitos são divididos em "profissionais" e "não profissionais" de acordo com a sua eficiência na fagocitose (Ernst e Stendahl, 2006). Os fagócitos profissionais incluem neutrófilos, monócitos, macrófagos, células dendríticas e mastócitos (Ernst e Stendahl, 2006, Robinson e Babcock, 1998), que têm receptores na sua superfície para detetar objectos nocivos, como bactérias, que não se encontram normalmente no corpo (Ernst e Stendahl, 2006). O papel dos fagócitos é combater as infecções e manter a saúde dos tecidos, eliminando as células mortas e moribundas que atingiram o fim da sua vida útil (Thompson, 1995). Durante a fase aguda da inflamação, os fagócitos são atraídos por sinais químicos como a interleucina 8 (IL-8), C5a, N-formilmetionil-leucilfenilalanina (fMLP) e leucotrieno B4, que provêm de bactérias ou de outros fagócitos já presentes no local onde o agente patogénico invadiu o organismo (Cohen e Burns, 2002). Quando os fagócitos entram em contacto com as bactérias, os receptores na sua superfície ligam-se a elas. Esta ligação leva o fagócito a engolir a bactéria (Janeway et al., 2001). As bactérias ficam presas num compartimento chamado fagossoma e, num minuto, o fagossoma funde-se com um lisossoma ou grânulo para formar um fagolisossoma. A bactéria é então submetida a um conjunto impressionante de mecanismos de destruição (Delves et al., 2006) e morre poucos minutos depois (Hampton et al., 1994). O objetivo deste estudo foi comparar a eficiência fagocítica dos neutrófilos em genótipos de ovinos Katahdin resistentes e susceptíveis ao foot rot.

Materiais e métodos

Trinta e sete ovelhas e carneiros da raça Katahdin foram selecionados com base em marcadores genéticos de alta resistência (HR) e baixa resistência

(LR) ao míldio. Foram colhidos dez ml de sangue de ovelha em tubos EDTA por punção da veia jugular e transportados em gelo para o laboratório do Centro de Investigação de Pequenos Animais da Universidade de Lincoln. Os esfregaços de sangue foram espalhados em lâminas de vidro para a contagem de neutrófilos (contagem diferencial de células) por exame microscópico após coloração de Wright (95 ± 1%; SEM significava; Hall et al., 2011).

O sangue de carneiro foi transferido para tubos de 50 ml e centrifugado a 1 000 x g durante 20 minutos a 4 °C para separar o plasma e a camada leitosa do sedimento. O plasma, a camada leucocitária e um terço do pacote de glóbulos vermelhos de cada tubo foram aspirados assepticamente e eliminados. Os restantes pacotes de glóbulos vermelhos contendo neutrófilos foram misturados com 34 ml de PBS gelado e colocados em 10 ml de Percoll a 1,084 g/ml, sendo depois centrifugados a 400 x g durante 40 minutos a 22°C. Após a centrifugação, os glóbulos vermelhos (RBC) e os neutrófilos depositaram-se no fundo do tubo e a banda de células mononucleares permaneceu na interface do meio. O sobrenadante, a camada de células mononucleares e o Percoll foram aspirados e eliminados. Os glóbulos vermelhos foram lisados com 24 ml de solução de lise hipotónica gelada

(10,56 mM Na2HPO4, 2,67 mM NaH2PO4, pH 7,3) durante 90 s. A isotonicidade foi restabelecida pela adição de 12 ml de solução de recuperação hipertónica gelada (10,56 mM Na2HPO4, 2,67 mM NaH2PO4, 0,43 M NaCl, pH 7,3). Os leucócitos remanescentes foram pelletizados por centrifugação a 800 x g durante 5 min a 4°C (Hall et al., 2011). O azul de tripano (0,8 mM em PBS) foi utilizado para garantir que os neutrófilos isolados estavam vivos.

O stock bacteriano *[Lactobacillus case!}* armazenado a -80°C em solução PBS foi reanimado por transferência para um tubo de cultura de caldo nutriente e incubado a 37°C numa incubadora de células durante a noite a . As bactérias foram separadas por centrifugação do caldo a 1.000 xg durante 5 minutos e lavagem duas vezes em PBS (Hampton et al., 1994).

Para a contagem das bactérias, foram efectuadas diluições da seguinte forma: o fundo de três placas de Petri e quatro tubos de solução salina $10^{'2}$, $10^{'4}$, $10^{'6}$ e $10^{'8}$ foram etiquetados. A diluição inicial foi efectuada através da transferência de 0,1 ml de caldo inoculado para 9,9 ml de PBS estéril. Esta foi uma diluição de 1/100 ou $10^{'(2)}$. A diluição de $10^{'2}$ é então agitada, segurando o tubo entre as palmas das duas mãos e rodando-o rapidamente para criar um vórtice. Imediatamente após a agitação da diluição $10'^{2}$, 0,1 ml foi transferido assepticamente para um segundo branco salino de 9,9 ml ou solução PBS. Este segundo branco representava uma diluição de $10'^{4}$ da amostra original. A diluição de $10'^{4}$ foi então vigorosamente agitada e 0,1 ml foi transferido para um terceiro branco de 9,9 ml. Esta terceira diluição representava uma diluição de $10'^{6}$ da amostra original. Repetiu-se o processo mais uma vez para obter uma diluição de $10'^{((8)).}$ A diluição de $10'^{4}$ foi novamente agitada e 0,1 ml foi transferido assepticamente para uma placa de ágar-sangue de carneiro e espalhado com uma ansa descartável. Os procedimentos foram seguidos da mesma forma para as diluições $10'^{6}$ e $10'^{((8)).}$ As placas foram invertidas e incubadas a 37°C durante 24 horas. No final do período de incubação, as colónias foram contadas e o número de bactérias (CFU) por mililitro foi calculado dividindo o número de colónias pelo fator de diluição multiplicado pela quantidade de amostra adicionada às placas de ágar, como se mostra abaixo (Todar, 2008):

Número de bactérias/ml = Número de colónias (CFU) / diluição X quantidade semeada.

As bactérias foram misturadas com neutrófilos em PBS e incubadas em rotação a 37°C durante 1 h. As amostras de controlo foram incubadas em PBS apenas com neutrófilos para ter em conta o crescimento bacteriano durante o ensaio. Em intervalos específicos de 20, 40 e 60 min, foram colhidas amostras e as bactérias extracelulares que não tinham sido fagocitadas foram separadas dos neutrófilos por centrifugação a 100 xg durante 5 min. O número de bactérias no stock (sem neutrófilos) foi contado para ter em conta as alterações na ausência de fagocitose. O número de bactérias viáveis no sobrenadante (extracelular) foi determinado pela contagem de colónias, conforme descrito anteriormente (Todar, 2008), e a taxa de fagocitose foi calculada utilizando o número de colónias bacterianas antes e depois da mistura de neutrófilos e bactérias (Hampton et al., 1994). Os dados foram analisados usando procedimentos de modelo misto do SAS (medidas repetidas) e $P < 0,05$ foi considerado significativo. A contagem de colónias bacterianas e a contagem de neutrófilos foram ajustadas como variáveis dependentes e o grupo de marcadores genéticos, o sexo e o tempo de incubação foram ajustados como variáveis independentes de interesse. As diferenças entre as médias dos mínimos quadrados foram testadas usando o método HSD.

Resultados

A viabilidade média dos neutrófilos extraídos foi de 95% em cada espécime individual no momento da inoculação. A percentagem média de neutrófilos no sangue total foi de 53% em todos os animais. A percentagem de neutrófilos no sangue total não diferiu entre os dois genótipos (P = 0,48) e entre carneiros e ovelhas (P = 0,36). A interação entre o marcador genético e o sexo não teve qualquer efeito (P = 0,38) sobre a percentagem de neutrófilos no sangue total. O número de colónias bacterianas após a adição de neutrófilos e os períodos de incubação no grupo de marcadores genéticos de baixa resistência foi mais elevado *(P* = 0,0006) do que no grupo de marcadores genéticos de alta resistência (Figura 7). O número de colónias bacterianas após a adição de neutrófilos e os períodos de incubação foi mais elevado nas ovelhas do que nos carneiros (P = 0,02; Figura 8). A interação entre o sexo e os grupos de marcadores genéticos afectou (P = 0,0005) o número de colónias bacterianas após a adição de neutrófilos. As contagens de colónias bacterianas após a adição de neutrófilos e os períodos de incubação em ovelhas com o genótipo de alta resistência foram mais elevadas (P = 0,0003) do que em carneiros com o genótipo de baixa resistência. O número de colónias bacterianas após a adição de neutrófilos e os períodos de incubação em ovelhas com o genótipo de baixa resistência foi mais elevado ($P = 0,0004$) do que em carneiros com o genótipo de alta resistência. Comparando os carneiros do genótipo de alta resistência com os do genótipo de baixa resistência, o número de colónias bacterianas após a adição de neutrófilos e os períodos de incubação foi maior ($P < 0,001$) nos carneiros do genótipo de baixa resistência. O número de colónias bacterianas após a adição de neutrófilos diminuiu após 20, 40 e 60 minutos de incubação ($P < 0,001$; Figura 9). A interação entre o tempo de incubação e os grupos de marcadores genéticos ($P = 0,25$) e a interação entre o sexo e o tempo de incubação ($P = 0,49$) não afectou o número de colónias bacterianas após a adição de neutrófilos. A interação entre sexo, tempo de incubação e grupos de marcadores genéticos não teve qualquer efeito ($P = 0,93$) no número de colónias bacterianas após a adição de neutrófilos. O número de bactérias no estoque primário de bactérias sem a adição de neutrófilos foi de $2x10^{7}$/ml e esse número aumentou ($P < 0,001$) após 20 ($2,2 \times 10^7$/ml), 40 ($2,4 \times 10^7$/ml) e 60 ($2,6 \times 10^7$/ml) minutos de incubação. Não foi observado qualquer crescimento de colónias bacterianas nas amostras de controlo.

Discussão

A eficiência fagocítica dos neutrófilos no grupo de marcadores genéticos altamente resistentes foi maior do que no grupo de marcadores genéticos fracamente resistentes, o que pode fornecer provas de que os agentes patogénicos impulsionam a diversidade genética nos loci do hospedeiro envolvidos na imunidade a doenças infecciosas. Os estudos que exploram a base genética da resistência a agentes patogénicos na natureza centraram-se quase exclusivamente nos genes do complexo principal de histocompatibilidade (MHC); o papel da variação genética noutras partes do genoma como base da variação na resistência a agentes patogénicos raramente foi explorado em populações naturais (Turner et al., 2011).

Os neutrófilos de carneiro são mais fagocíticos do que os neutrófilos de ovelha. Existe uma pequena diferença entre os neutrófilos de carneiro e os de ovelha. O núcleo celular de um neutrófilo de ovelha tem uma pequena estrutura adicional do cromossoma X conhecida como pilão de neutrófilo (Zucker-Franklin e Grossi, 2003). A cromatina X (pilão) é utilizada para diagnosticar as principais anomalias reprodutivas ligadas ao X e o atraso de crescimento na indústria animal (Bhatia e Shanker, 1984; Berepubo et al.,

1993). A resposta imunitária é vigorosa e mais ativa nas fêmeas do que nos machos, o que leva a um aumento das doenças auto-imunes observadas na população feminina, bem como a diferenças na resposta imunitária a agentes patogénicos e vírus. O paradigma da influência hormonal na resposta imunitária afirma que os estrogénios aumentam as respostas imunitárias, enquanto a progesterona e os androgénios as diminuem (Whitacre et al., 1999). A progesterona aumenta a quimiotaxia e os estrogénios inibem-na, enquanto a testosterona não tem qualquer efeito modulador (Miyagi et al., 1992). Além disso, deve ter-se em conta que os genes relevantes para o sistema imunitário estão localizados nos autossomas, e não nos cromossomas X ou Y, e que estes genes também são regulados pelo sexo (Ellegren e Parsch, 2007); consequentemente, as diferenças de sexo na resposta imunitária devem-se a influências hormonais e genéticas.

A capacidade fagocítica dos neutrófilos para engolir bactérias é afetada quando os açúcares simples são digeridos, e o jejum aumenta a capacidade fagocítica dos neutrófilos para engolir bactérias. No entanto, a digestão de amidos normais não tem qualquer efeito (Sanchez et al., 1973). Além disso, determinados factores afectam o crescimento bacteriano, como a disponibilidade de nutrientes, a humidade e a temperatura. A curva de crescimento de uma população bacteriana compreende quatro fases. 1) Uma fase de latência ( ) durante a qual as bactérias absorvem nutrientes, sintetizam enzimas e preparam-se para a divisão celular. O número de bactérias não aumenta durante a fase de latência. 2) Uma fase de crescimento logarítmico durante a qual as bactérias se multiplicam rapidamente e o número de organismos duplica a cada geração. 3) Uma fase estacionária durante a qual os nutrientes do meio líquido se esgotam e a concentração de resíduos tóxicos das bactérias metabólicas aumenta. A taxa de divisão abranda, de modo que o número de bactérias que se dividem é igual ao número de bactérias que morrem. 4) Uma fase de morte durante a qual a concentração de resíduos tóxicos continua a aumentar e o fornecimento de nutrientes diminui. Os microrganismos morrem num ritmo acelerado (Zwietering, 1990).

Algumas bactérias patogénicas são intrinsecamente capazes de resistir aos componentes bactericidas dos tecidos do hospedeiro, geralmente com base numa propriedade estrutural. Os exemplos incluem a cápsula de poli-D-glutamato do Bacillus anthracis, a membrana externa das bactérias gram-negativas, a parede celular cerosa das micobactérias patogénicas e os lipopolissacáridos (LPS) intactos dos agentes patogénicos gram-negativos. As bactérias patogénicas têm várias estratégias para evitar o engolfamento e a destruição pelos fagócitos. Podem bloquear uma ou mais fases da fagocitose ( ), interrompendo assim o processo ou evitando a atenção dos fagócitos, invadindo ou permanecendo confinadas a regiões inacessíveis aos fagócitos, por exemplo, os lúmens das glândulas, a bexiga urinária e os tecidos superficiais (pele intacta). Alguns agentes patogénicos são capazes de evitar provocar uma resposta inflamatória excessiva. Além disso, algumas bactérias ou os seus produtos inibem a quimiotaxia dos fagócitos. Alguns agentes patogénicos podem revestir a superfície da célula bacteriana com um componente considerado "limpo" pelos fagócitos e pelo sistema imunitário do hospedeiro. Esta estratégia esconde a superfície antigénica da célula bacteriana. Os fagócitos não conseguem reconhecer a bactéria por contacto e a possibilidade de opsonização por anticorpos para aumentar a fagocitose é minimizada. Algumas bactérias utilizam estratégias para evitar a absorção (ingestão) se os fagócitos entrarem em contacto com elas. A resistência à ingestão fagocitária deve-se geralmente a um componente da superfície da célula bacteriana (parede celular, fímbrias ou cápsula). Algumas bactérias sobrevivem no interior dos fagócitos, quer sejam neutrófilos ou macrófagos. Alguns parasitas intracelulares têm mecanismos especiais codificados geneticamente para entrar em células hospedeiras não fagocíticas (Todar, 2008).

Os parasitas intracelulares sobrevivem no interior dos fagócitos através de mecanismos que interferem com as actividades bactericidas da célula hospedeira, tais como a inibição da fusão dos lisossomas fagocíticos (grânulos) com o fagossoma. Em alguns parasitas intracelulares, ocorre a fusão fagossoma-lisossoma, mas as bactérias são resistentes à inibição e destruição pelos constituintes lisossómicos. A fuga precoce do vacúolo do fagossoma é essencial para o crescimento e virulência de certos agentes patogénicos intracelulares. Uma estratégia de defesa óbvia contra a fagocitose é o ataque direto dos fagócitos profissionais pelas bactérias. Os fagócitos podem ser mortos por um agente patogénico antes ou depois da ingestão (Todar, 2008).

A invasividade e a toxigénese são duas qualidades gerais das bactérias patogénicas que lhes permitem causar doenças. A invasividade engloba os mecanismos de colonização (adesão e multiplicação inicial), a produção de substâncias extracelulares que facilitam a invasão e a capacidade de contornar ou superar os mecanismos de defesa do hospedeiro. *D. nodosus*, o principal agente responsável pela podridão do pé de carneiro, tem fímbrias do tipo IV que promovem inicialmente um contacto estreito entre a bactéria e as células do hospedeiro. A motilidade das fímbrias do tipo IV é necessária para a translocação subsequente da bactéria para um microambiente mais anaeróbico, que é necessário para o crescimento bacteriano subsequente e para a produção de proteases extracelulares, levando, em última análise, à formação de lesões. *A D. nodosus* precisa de produzir proteases extracelulares e exibir motilidade contrátil para ser virulenta (Kennan et al., 2011).

O tempo de vida de um neutrófilo é de aproximadamente 5 dias na corrente sanguínea e de 1 a 4 dias no tecido conjuntivo após a ativação. Os neutrófilos não proliferam e têm uma semi-vida estimada de cerca de 1012 horas em condições de cultura in vitro (Soehnlein, 2010). O curto tempo de vida dos neutrófilos é uma adaptação evolutiva que minimiza a propagação de agentes patogénicos que parasitam os fagócitos, porque quanto mais tempo estes parasitas passam fora de uma célula hospedeira, mais provável é que sejam destruídos por um elemento das defesas do organismo. Além disso, os produtos antimicrobianos dos neutrófilos também podem danificar os tecidos do hospedeiro; o seu curto tempo de vida limita os danos causados ao hospedeiro durante a inflamação (Wheater et al., 2002). Neste estudo, a viabilidade média dos neutrófilos extraídos foi de 95% em cada amostra individual no momento da inoculação e o tempo de incubação mais longo foi de 60 minutos.

Tendo em conta todos os factores que afectam o crescimento bacteriano e a taxa fagocítica, neste estudo, o número de bactérias no stock sem neutrófilos aumentou durante 20, 40 e 60 minutos de incubação, o que comprova a viabilidade bacteriana, e após a adição de neutrófilos o número de colónias bacterianas diminuiu significativamente, o que comprova a atividade fagocítica. Como não houve diferença significativa na percentagem de neutrófilos no sangue total entre genótipos e entre carneiros e ovelhas, pode concluir-se que a eficiência fagocítica em ovelhas Katahdin no grupo de marcadores de genes altamente resistentes é superior à dos marcadores de genes pouco resistentes (Azarpajouh et al., 2014).

Figura 7: Comparação do número de colónias bacterianas após a adição de neutrófilos e períodos de incubação no grupo de marcadores genéticos de baixa resistência (LR) em comparação com o grupo de marcadores genéticos de alta resistência (HR; P = 0,0006).

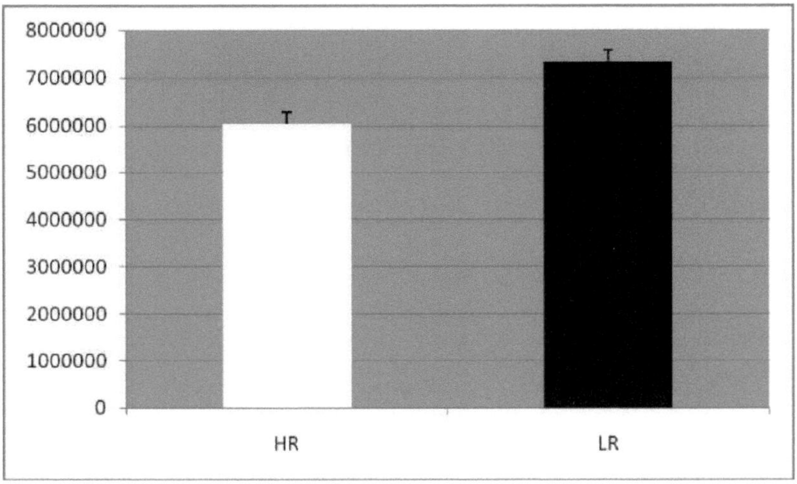

Figura 8: Comparação do número de colónias bacterianas após a adição de neutrófilos e períodos de incubação em ovelhas em comparação com carneiros *(P* = 0,02).

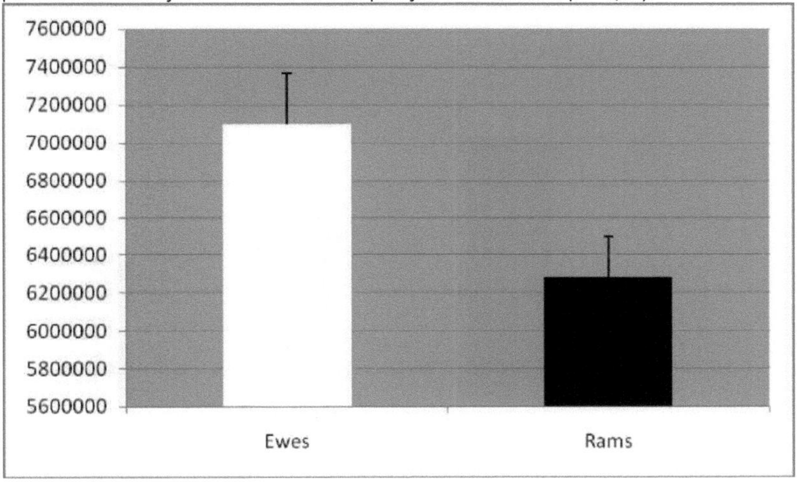

Figura 9: Comparação do número de colónias bacterianas após a adição de neutrófilos e após 20, 40 e 60 minutos de incubação $(P < 0,001)$.

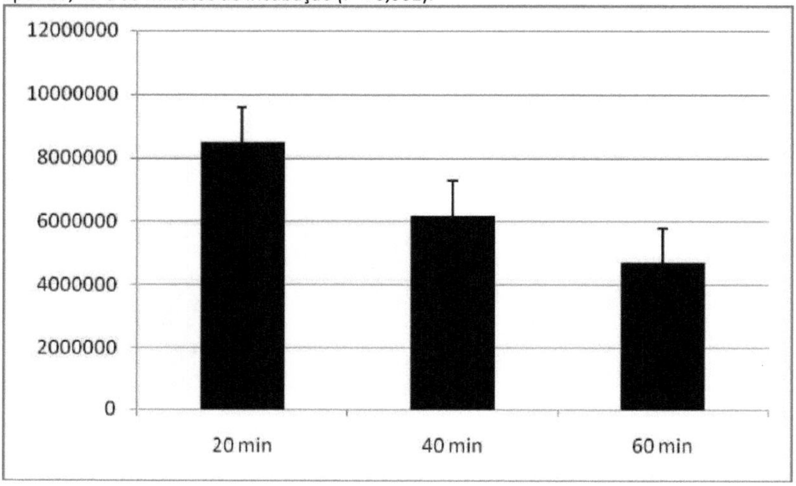

CAPÍTULO V

COMPARAÇÃO DAS ALTERAÇÕES ULTRA-ESTRUTURAIS CAUSADAS POR DICHELOBACTER NODOSUS NO ESTRATO CÓRNEO DO TECIDO DO CASCO DE OVINOS

Resumo

A invasão bacteriana do *estrato córneo* conduz a processos degenerativos e à dissociação das células epidérmicas na sequência de edema e extravasamento. A penetração do *Dichelobacternodosus* no estrato *córneo* requer a atividade adesiva das fímbrias do tipo IV e é acompanhada pela formação de seios. Em geral, os cascos pigmentados de preto são considerados mais resistentes do que os cascos pigmentados de branco, pelo que o objetivo deste estudo foi comparar as alterações ultra-estruturais causadas pela infeção bacteriana na camada epidérmica de cascos pigmentados de preto em comparação com cascos pigmentados de branco.

Seis amostras de tecido de casco branco e preto (n = 3 cada) colhidas após a aparagem do casco foram cortadas com uma broca de cortiça metálica de 1 mm de diâmetro e espessura. As amostras foram lavadas e embebidas em álcool isopropílico a 70% e depois examinadas com estereomicroscópios Wolfe® StereoPro™. Duas estirpes *de D. nodosus* armazenadas a -80°C em solução PBS foram reanimadas por transferência para tubos de cultura de caldo nutriente e incubadas a 37°C em jarras anaeróbias durante a noite. As amostras e as bactérias foram transferidas para meio de caldo de carne e incubadas a 37°C em frascos anaeróbios durante 6 dias. Não foram inoculadas bactérias nos grupos de controlo (amostras de tecido do casco branco e preto). Após a fixação primária com glutaraldeído a 2,5% e a pós-fixação com tetróxido de ósmio a 1%, as amostras foram desidratadas utilizando uma série gradual de álcool etílico (70% durante 15 minutos, 95% durante 15 minutos e 3 mudanças de 100% durante 10 minutos cada), sendo depois secas utilizando um aparelho de secagem de ponto crítico disponível no mercado. As amostras foram montadas em suportes de alumínio com abas adesivas e revestidas por pulverização catódica durante 3 minutos. Finalmente, foram obtidas imagens das amostras utilizando um microscópio eletrónico de varrimento ambiental. Foi observada a formação de seios nos tecidos dos cascos brancos e pretos. Além disso, foram observadas certas bactérias nos tecidos dos cascos brancos e pretos do grupo de controlo, que podem ser habitantes normais de ambientes externos e internos. Não se verificou uma relação significativa entre a pigmentação dos tecidos e as alterações ultra-estruturais dos tecidos.

Introdução

O casco é uma estrutura que envolve a falange distal do terceiro dedo e protege o membro distal. É formado pela queratinização da camada epitelial e pela modificação da derme subjacente. A queratina espessada e cornificada da epiderme é denominada corno. Forma a superfície externa do casco e é particularmente resistente a danos mecânicos e químicos. A parede do casco forma uma grande parte da superfície externa protetora do pé e é a principal estrutura de suporte de carga (Sisson et al., 1975).

O casco tem uma epiderme e um cório de tecido conjuntivo que é contínuo com a epiderme e a derme da pele. A epiderme é constituída por uma camada fina *de stratum basale* e *stratum spinosum* e uma *camada* espessa *de stratum corneum.* As três camadas da parede do casco são o *stratum tectorium, o stratum medium* e *o stratum lamellatum* (Eurell, 2004).

O estrato córneo é a camada mais externa da epiderme, constituída por células mortas (corneócitos). *O estrato córneo* forma uma barreira que protege os tecidos subjacentes de infecções, desidratação, produtos químicos e stress mecânico (Ovaere et al., 2009). *O estrato córneo* da pele interdigital é constituído por uma camada densa de células escamosas altamente estratificadas. Quando saudável e seco, forma uma barreira eficaz contra o crescimento e a penetração de bactérias. O desenvolvimento de uma infeção bacteriana no estrato *córneo* ou nas camadas mais profundas da epiderme requer uma desidratação significativa do *estrato córneo* ou a sua rutura por forças mecânicas (Egerton, 1989).

A invasão do *estrato córneo* e do *estrato granuloso* por *D. nodosus* conduz a um processo degenerativo e à dissociação das células epidérmicas na sequência de edema e extravasamento. *D. nodosus, a* principal causa da podridão podal dos ovinos, penetra no *estrato córneo* através da atividade adesiva das fímbrias de tipo IV e provoca a formação de seios (Egerton, 1989).

Em geral, os cascos pigmentados de preto são considerados mais resistentes do que os cascos pigmentados de branco; por conseguinte, o objetivo deste estudo foi comparar as alterações ultra-estruturais causadas pela infeção bacteriana na camada epidérmica dos cascos pigmentados de branco em comparação com os cascos pigmentados de preto.

Materiais e métodos

Seis amostras de tecido de casco branco e preto (n = 3 de cada) foram colhidas após o corte do casco de ovelhas com cascos normais (índice de podridão 0) e transferidas para o laboratório. As amostras foram limpas e esfregadas e, em seguida, utilizando uma broca de cortiça metálica, foram retiradas amostras de tecido do casco com 1 mm de diâmetro e espessura das partes mais profundas do tecido para garantir que não estavam presentes bactérias. As amostras foram lavadas e embebidas em álcool isopropílico a 70%, sendo depois examinadas com estereomicroscópios Wolfe® StereoPro™.

Duas estirpes de *D. nodosus*, ATCC 25549 (EUA) e ATCC 31545 (Aust), foram obtidas da American Type Culture Collection (ATCC, Manassas, Virgínia). Duas estirpes do stock bacteriano (D. *nodosus),* armazenadas a -80°C em solução PBS, foram reactivadas transferindo-as separadamente para um tubo de cultura de caldo nutriente e incubando-as a 37°C em jarras anaeróbias durante a noite. As amostras de tecido de casco preto e branco e ambas as estirpes bacterianas foram transferidas separadamente para meio de caldo de carne e incubadas a 37°C em frascos anaeróbicos durante 6 dias. Não foram inoculadas bactérias nos grupos de controlo (amostras de tecido do casco branco e preto).

As amostras foram fixadas com glutaraldeído a 2,5% durante 24 horas a 4°C. Após a fixação inicial, as amostras foram lavadas várias vezes com PBS durante 15 minutos, seguindo-se a pós-fixação com tetróxido de ósmio a 1% em tampão fosfato 0,1M durante 1 hora. Após lavagem com PBS durante 15 minutos, as amostras foram desidratadas utilizando uma série de álcool etílico graduado (70% durante 15 minutos, 95% durante 15 minutos e 3 mudanças de 100% durante 10 minutos cada). Os tecidos foram secos utilizando um aparelho de secagem de ponto crítico disponível no mercado (Tousimis Autosamdri R-815). As amostras foram montadas em suportes de alumínio com abas adesivas e revestidas com uma fina camada de platina por pulverização catódica durante 3 minutos utilizando uma máquina de pulverização catódica Emitech K575x no Centro de Microscopia Eletrónica da Universidade do Missouri. As amostras estavam então prontas para serem observadas e fotografadas utilizando um microscópio eletrónico de varrimento ambiental (Quanta 600F ESEM). As imagens das amostras tratadas e de controlo foram utilizadas para comparar os danos causados pelas bactérias na camada epidérmica do tecido do casco.

<u>Resultados</u>

As amostras de controlo representavam a ultra-estrutura normal do casco. Não houve formação de sinusite e a estrutura da lamela estava intacta (Figura 10). Em alguns casos, bactérias redondas individuais *(coco bacillus)* sem pili ou fímbrias estavam presentes na superfície do casco sem danos observáveis, o que pode ser um habitante normal do tecido do casco ou do ambiente externo.

Nas amostras tratadas, foram observadas colónias de *D. nodosus* em forma de bastonete com fímbrias do tipo IV no tecido do casco (Figura 11). Tanto as estirpes americanas como australianas *de D. nodosus* induziram a formação de sinus no *estrato córneo* dos tecidos brancos e pretos do casco. A formação de sinus foi observada principalmente na vizinhança de colónias bacterianas com fímbrias, demonstrando o papel essencial das fímbrias como fator virulento em *D. nodosus* (Figuras 12 e 13). Não houve relação entre a pigmentação do tecido, a estirpe bacteriana e as alterações ultra-estruturais no tecido; consequentemente, não houve diferença entre a resistência do casco branco e do casco preto à invasão bacteriana.

Discussão

O microscópio eletrónico de varrimento proporcionou uma técnica fácil e reprodutível para estudar as alterações na estrutura do corno do casco. As observações revelaram a formação de seios na *camada córnea* do tecido do casco causada pelas estirpes australiana e americana *de D.*

nodosus.

Os pili comuns, também conhecidos como fímbrias, estão geralmente envolvidos na adesão específica de procariotas a superfícies na natureza e são considerados determinantes importantes da virulência bacteriana, uma vez que permitem que os agentes patogénicos se fixem nos tecidos, os colonizem e resistam ao ataque de glóbulos brancos fagocíticos. Na extremidade de cada fímbria encontram-se proteínas especiais chamadas adesinas, que variam consoante o tipo de bactéria, e estas moléculas permitem que as bactérias com fímbrias adiram a proteínas receptoras na superfície das células epiteliais do hospedeiro (Todar, 2008).

As fímbrias do tipo IV, as proteases extracelulares e várias ilhas genómicas são potenciais factores de virulência de *D.* nodosus (Billington et al., 1996; Rood, 2002). As fímbrias do tipo IV são os principais antigénios de superfície de *D. nodosus*. São responsáveis pela motilidade de contração que permite que a bactéria se desloque ao longo de superfícies sólidas, se fixe nas lâminas dos cascos (Kennan et al., 2001) e facilite a patogénese do foot rot.

Foram observadas algumas colónias bacterianas sem pili ou fímbrias tanto nas amostras de controlo como nas tratadas, que podem ser habitantes normais de ambientes internos ou externos. Em geral, a pele interdigital saudável e o *estrato córneo* actuam como barreiras naturais às bactérias, mas uma temperatura média diária superior a 10ºC, após dois a três meses de precipitação superior a cerca de 50 mm por mês, pode causar a maceração da pele interdigital e levar ao apodrecimento dos pés (Abbott e Lewis, 2005).

Neste estudo, as bactérias e o tecido do casco foram incubados durante 6 dias num frasco anaeróbio que simula as condições naturais em que ocorre o apodrecimento dos cascos. É de notar que *a D. nodosus* não consegue sobreviver mais do que alguns dias fora dos pés dos ruminantes (Beveridge, 1941; Laing e Egerton, 1981), o que torna possível erradicar a doença dos efectivos.

Utilizando microscopia eletrónica de transmissão, Al-Jashamy et al (2008) mostraram que as alterações ultra-estruturais no foot rot virulento se encontravam principalmente na camada basal do estrato e na camada superior do epitélio.

o espaço intracelular, onde as células basais apresentavam alterações degenerativas e necróticas. No presente estudo, foi utilizado um microscópio eletrónico de varrimento para estudar as alterações causadas por bactérias na camada epidérmica do tecido do casco em casos de podridão podal ligeira, intermédia e virulenta.

Os cascos pretos não são mais resistentes aos danos causados por *D. nodosus* do que os cascos brancos, uma vez que os danos causados pelas bactérias nos tecidos dos cascos brancos e pretos não foram diferentes. A dissociação das células epidérmicas e a formação de seios no *estrato córneo* são causadas pelas fímbrias do tipo IV e pela protease extracelular de *D. nodosus.* A atividade da protease de ambas as estirpes *de D. nodosus* foi determinada utilizando um ensaio de gelatina (explicado no Capítulo 3) e as fímbrias do tipo IV foram observadas em imagens SEM. Uma vez que *o D. nodosus* é um habitante normal dos pés dos ruminantes e pode causar podridão podal se o tecido do casco for macerado ou ferido, é essencial manter os animais em camas secas e saudáveis para evitar a podridão podal e outras doenças do casco.

Figura 10: Estrutura normal do casco em amostras de controlo.

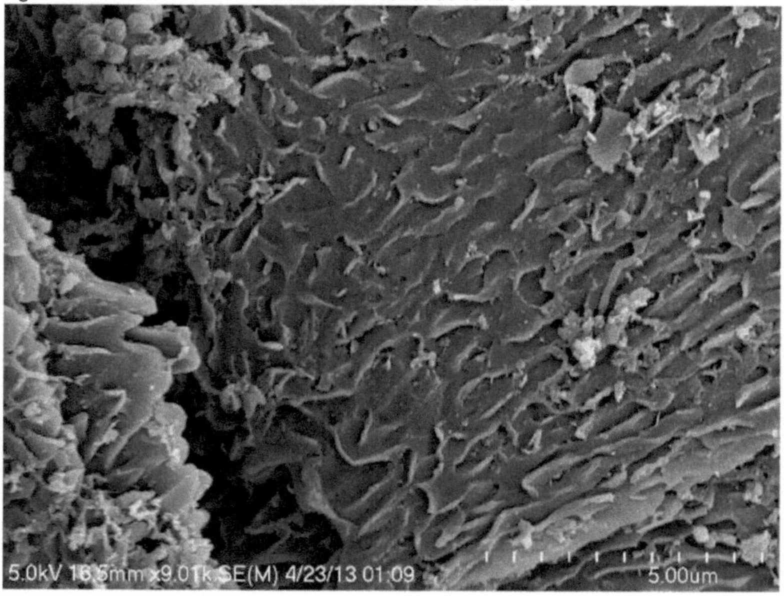

Figura 11: Colónias em forma de bastonete *de D. nodosus* com fímbrias do tipo IV.

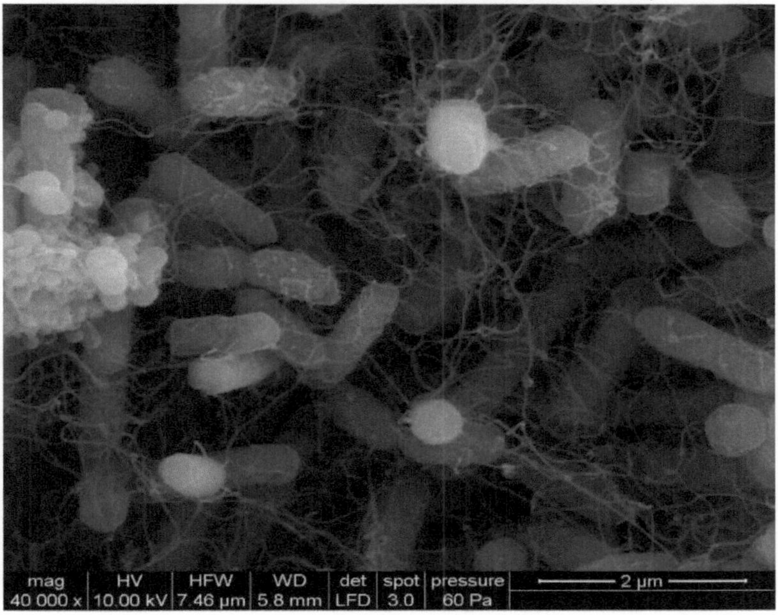

Figura 12: Tecido preto do casco invadido por *D. nodosus*.

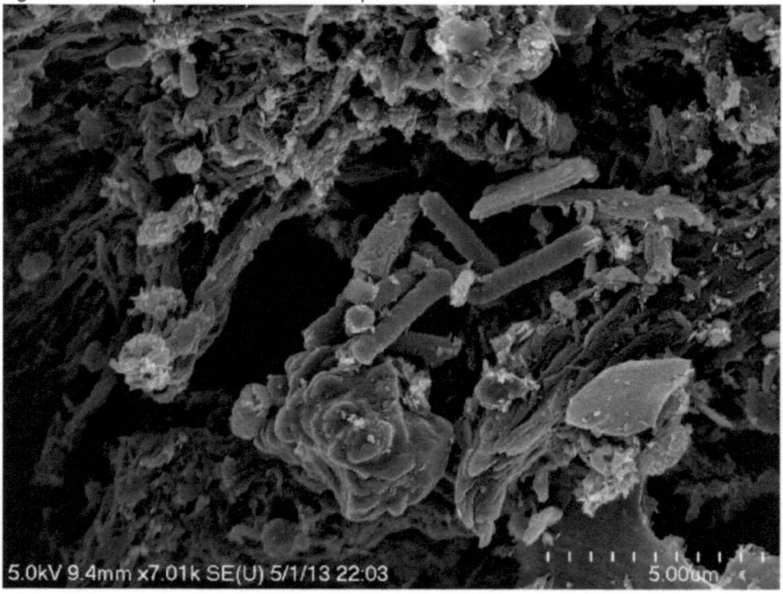

Figura 13: Tecido branco do casco invadido por *D. nodosus.*

CAPÍTULO VI

DEBATE GERAL

No final do teste patogénico do apodrecimento das patas, todos os animais do grupo de controlo apresentavam índices de apodrecimento das patas de zero, sugerindo que não havia infeção natural proveniente do ambiente. Doze dos 34 animais do grupo de tratamento tinham pontuações de podridão podal de 1 e 2, representando escaldão, inflamação da pele interdigital, dermatite interdigital e inflamação necrosante da pele interdigital. Não foram observados nos animais os graus 3 e 4 de podridão podal, o que pode dever-se à baixa potência das bactérias inoculadas. A pontuação do marcador genético do foot rot, a raça da ovelha e a cor do casco não afectaram a pontuação do foot rot no final do ensaio.

D. nodosus e *F. necrophorum* não foram isolados de esfregaços de cultura do espaço interdigital dos pés das ovelhas no final do teste.

A atividade de protease do *D. nodosus* antes e depois de 8 e 16 minutos de incubação a 68°C foi demonstrada pela presença de zonas claras de proteólise à volta dos poços inoculados no teste da gelatina.

A perda de peso corporal e a diminuição do BCS das ovelhas no final do ensaio podem dever-se ao stress induzido durante o ensaio, uma vez que os animais do grupo tratado perderam mais peso. O nível sérico de IgG permaneceu dentro dos limites normais (7,6-40 mg/ml) tanto no grupo de controlo como no grupo de tratamento, porque não ocorreu nenhuma infeção ativa nos animais e o nível mais elevado de IgG no grupo de tratamento pode dever-se à inoculação bacteriana e a uma maior perceção do stress (colocação de botas de plástico, inoculação bacteriana).

A eficiência fagocítica dos neutrófilos no grupo de marcadores genéticos altamente resistentes foi superior à do grupo de marcadores genéticos fracamente resistentes. Além disso, a eficiência fagocítica dos neutrófilos nos carneiros foi superior à das ovelhas. As diferenças na resposta imunitária entre os sexos podem ser consideradas como devidas a influências hormonais e genéticas.

Tendo em conta todos os factores que afectam o crescimento bacteriano e a taxa fagocítica neste estudo, o aumento do número de bactérias no stock sem neutrófilos durante a incubação comprova a viabilidade bacteriana, e a diminuição do número de colónias bacterianas após a adição de neutrófilos comprova a atividade fagocítica dos neutrófilos. Uma vez que não se registaram diferenças significativas na percentagem de neutrófilos no sangue total entre genótipos e entre carneiros e ovelhas, pode concluir-se que a eficiência fagocítica dos ovinos Katahdin do grupo de marcadores genéticos altamente resistentes é superior à dos marcadores genéticos fracamente resistentes.

No presente estudo, foi utilizado um microscópio eletrónico de varrimento (MEV) para investigar as alterações induzidas por bactérias na camada epidérmica do tecido do casco em casos de podridão ligeira, intermédia e virulenta. Foram observadas alterações na estrutura do corno do casco que revelaram a formação de sinusite no *estrato córneo* do tecido do casco causada por estirpes australianas e americanas *de D. nodosus.* Foram observadas algumas colónias bacterianas sem pili ou fímbrias tanto nas amostras tratadas como nas amostras de controlo, o que pode ser um habitante normal do ambiente interno ou externo.

Não se registaram diferenças nos danos bacterianos na camada epidérmica do tecido do casco preto em comparação com o tecido do casco branco. Além disso, no desafio ao agente patogénico, a cor do casco não teve qualquer efeito na gravidade da podridão podal ou na pontuação da podridão podal. Por conseguinte, contrariamente à crença popular, os cascos pretos não são mais resistentes aos danos causados por *D. nodosus* do que os cascos brancos e a dissociação das células epidérmicas e a formação de seios no *estrato córneo* foram causadas pelas fímbrias do tipo IV e pela protease extracelular de *D. nodosus.* Dado que *o D. nodosus* é um habitante normal dos pés dos ruminantes e uma causa importante de podridão podal nos ovinos quando há maceração ou danos nos tecidos do casco, é essencial manter os animais em camas secas e saudáveis para evitar a podridão podal e outras doenças dos cascos.

A atividade de protease de *D. nodosus,* que é um fator

virulento essencial, foi observada no estudo SEM e no teste de gelatina, causando a formação de sinus no tecido do casco e áreas claras de proteólise em torno das fossas inoculadas, respetivamente; no entanto, não foram observados casos de podridão podal virulenta durante o desafio com o agente patogénico da podridão podal, o que pode ser mais uma prova da resistência à podridão podal na raça ovina Katahdin.

O teste do marcador genético da podridão podal é um método útil para distinguir e selecionar animais mais resistentes à podridão podal sem serem expostos à infeção, a fim de avaliar a resistência ou a suscetibilidade à doença. Este teste é utilizado principalmente em touros e carneiros, que têm uma maior influência genética nos rebanhos do que as ovelhas, e a utilização de tais abordagens de seleção genética pode potencialmente reduzir a utilização de antibióticos nos animais destinados à alimentação.

Literatura citada

Abbott, K.A., Lewis, C.J., 2005. Abordagens actuais para a gestão do footrot dos ovinos. Vet J. 169, (1), 28-41.

Adams, L.G., Templeton, J.W., 1998. Genetic resistance to bacterial disease in animals (Resistência genética a doenças bacterianas em animais). Rev Sci Tech. 17(l):200-19.

Aliyu, S.H., Marriott, R.K., Curran, M.D., 2004. Real-time PCR investigation into the importance of *Fusobacterium necrophorum* as a cause of acute *pharyngitis* in general practice. J Med Microbiol 53 (Pt 10): 1029-35.

Al-Jashamy, Jasni, S., 2008. Alterações ultra-estruturais da camada basal do estrato cutâneo e da membrana basal na doença do footrot dos ovinos. Anais de Microscopia. 8, 36-41.

Alwan, M., 1983. Estudos de desempenho de acasalamento de cordeiros machos Booroola Merino cross e condição do pé de Booroola Merino cross e ovelhas Perendale pastando em áreas montanhosas. Tese de Mestrado em Ciências Agrárias, Universidade de Massey. Sci. Thesis, Massey University.

Andersson, L., 2001. Dissecção genética da diversidade fenotípica em animais de criação. Nat. Rev. Genet. 2:130-138.

Archibald A.L., Bishop S.C., 2006. State-of-Science Review - Host Genetics and Engineering: the genetics of host responses to infectious diseases in farmed animals. No projeto Foresight "Infectious Diseases: preparing for the future". Departamento do Comércio e da Indústria, Reino Unido; Sil.

Axford, R.F.E., Bishop, S.C., Nicholas, F.W., Owen, J.B., 2000. Breeding for disease resistance in farm animals. 2ª edição. CABI Publishing.

Baker, R.L., Clark, J.N., Harvey, T.G., Meyer, H.H., (1986). Herança de anomalias do pé e da mandíbula em ovinos. Actas da Sociedade Neozelandesa de Produção Animal 46 : 93-100.

Azarpajouh, S., Wuliji, T., Bax, A., 2014. Comparação da eficiência fagocítica dos glóbulos brancos em dois genótipos de ovelhas Katahdin. J. Anim. Sci. Vol. 92 E-Suppl. 2/J. P.366.

Beckmann, J.S., Soller, M., 1986. Restriction fragment length polymorphisms in plant genetic improvement. Oxford Surv Plant Mol Cell Biol 3:197-246.

Berepubo, N.A., Pinherio, L.E., Basrur, P.K., 1993. Significado biológico do padrão de inativação dos cromossomas X em vacas subférteis portadoras de uma translocação X-autossoma. Discov. Innov. 5 : 5762.

Beveridge, W.I.B., 1934. Footrot in sheep. Penetração da pele por larvas *de Strongyloides* como fator predisponente. Australian Vet J, 10, 43-51.

Beveridge W.I.B., 1935. Journal of the Council for Scientific and Industrial Research Australia, 8, 308.

Beveridge, W.I.B., 1941. Footrot in sheep: a transmissible disease due to infection with Fusiformis nodosus (n.sp.). Journal of the Council for Scientific and Industrial Research. Boletim Número 140.

Beveridge, W.I.B., 1967. Doença causada por anaeróbios não esporulados: necrobacilose da pata do ovino. Boletim do Gabinete Internacional das Epizootias 67, 1597-1601.

Bhatia, S.K., Shanker, V., 1984. Teste da cromatina sexual em bovinos: uma ferramenta de citodiagnóstico para a deteção de maus reprodutores à nascença. Proc. 10º Congresso Internacional deAnim. Reprod. e A.I., Vol. 3, 526.

Billington, S. J., Johnston, J. L., Rood, J.I., 1996. Regiões de virulência e factores de virulência do agente patogénico do footrot dos ovinos, *Dichelobacter nodosus*. FEMS Microbiol. Lett. 145:147-156.

Bishop, S.C., 2005. Disease resistance: genetic. W.G. Pond, A.W. Bell (Eds.), Encyclopedia of Animal Science, Marcel Dekker Inc, Nova Iorque, 288-290.

Bishop, S.C., Mackenzie, K.M., 2003. Estratégias de gestão genética para o controlo de doenças infecciosas em populações pecuárias. Genet. Sei. Evol. 35, (Suppl. 1), S3-S17.

Bishop, S.C., Morris, C.A., 2007. Genetics of disease resistance in sheep and goats (Genética da resistência a doenças em ovinos e caprinos). Small Ruminant Research. Vol 70, (1), 48-59.

Bishop, S.C., Stear, M.J., 2003. Modelação da genética do hospedeiro e resistência a doenças infecciosas: compreensão e controlo de infecções por nemátodos. Veterinary Parasitology 115:147-166.

Bishop, S.C., Woolliams, J.A., Wallis, I.P., 2006. Desenvolvimento de modelos genéticos epidemiológicos para infecções bacterianas com contaminação ambiental. 8º Congresso Mundial de Genética Aplicada à Produção Animal: 13-18 de agosto, Belo Horizonte, Brasil: 15-23.

Black's Veterinary Dictionary (Edward Boden, Editor), 1995. A&C Black Publishers Limited. 18ª edição, 816.

BOA. 1999. The use of drugs in food animals: benefits and risks. Washington DC. Conselho de Agricultura, Imprensa das Academias Nacionais.

Boopathi, N.M., 2013. Mapeamento genético e seleção assistida por marcadores, noções básicas, prática e benefícios. Springer India, 173-186.

Breeds of Livestock (Raças de gado), 1995. Conselho de Administração da Universidade Estadual de Oklahoma, http://www.ansi.okstate.edu/breeds/sheep/

Bulgin, M.S., Lincoln, S.D., Parker, C.F., South, P.J., Dahmen, J.J., Lane, V.M., 1988. Genetic-associated resistance to foot rot in selected Targhee sheep. Journal of the American Veterinary MedicineAssociation. 192, 512-515.

Burke, J.M., Parker, C.F., 2007. Effect of breed on response to footrot treatment in mature sheep and lambs. Small Ruminant Research, 71, 165-169.

Casa, A. M., Brouwer, A., Nagel, A., Wang, L., Zhang, Q., Kresovich, S., Wessler, S. R., 2000. A família MITE Heartbreaker (Hbr): Marcadores moleculares em milho. Proc, da Academia Nacional de Ciências. 97, 10083-10089.

Claxton, P.D., 1989. Classificação antigénica de Bacteroides nodosus. In: Egerton, J.R. Yong, W.K., Riffkin, G.G. (Eds) Footrot and foot abcesses of ruminants. CRC Press, 155-166.

Cockett, N., Bishop, S.C., Davies, G., Hadfield, T., Eng, S., Miller, J., 2005. Utilização de QTL para determinar a resistência a parasitas em ovinos. Ann. Meet. Amer. Soc. Anim. Sci. 24-28 de julho. Cincinnati, Ohio, EUA.

Cohen, S., Burns, R.C., 2OO2, Pathways of the Pulp, 8ª edição. St. Louis: Mosby, Inc. 465.

Collins, J., Conington, J., 2005, Sheep Easy Breeding Group, SAC, Escócia.

Coltman, D.W., Wilson, K., Pilkington, J.G., Stear, M.J., Pemberton, J.M., 2001. Um polimorfismo de microssatélite no gene do interferão gama está associado à resistência a nemátodos gastrointestinais numa população de ovinos Soay naturalmente parasitados. Parasitol (122) 571-582.

Conington, J., Hosie, B., Nieuwhof, G. J., Bishop, S. C., Bunger, L., 2008. Reprodução para resistência ao footrot - o uso de pontuação de lesão de casco para quantificar o footrot em ovelhas. Vet Res Commun. 32:583589.

Cumlivski, B., 1988. Resistência dos ovinos criados em conjunto das raças Kent (Romney Marsh), Lincoln, Cotswold e Leicester. In: Actes du 3ème congrès mondial de l'élevage ovin et bovin, Paris, França, Vol 1: 643-645.

Curtis, C.R., Erb, H.N., Sniffen, C.J., Smith, R.D., Powers, P.A., Smith, M.C., White, M.E., Hillman, R.B., Pearson, E.J., 1983. Association of parturient hypocalcemia with eight periparturient disorders in Holstein cows. J Am Vet Med Assoc. 183(5): 559-61.

Dale, D.C., Boxer, L., Liles, W.C., 2008. Fagócitos: neutrófilos e monócitos. Blood. 15 ; 112(4):935-45.

Darvasi, A., 1998. Estratégias experimentais para a dissecação genética de caraterísticas complexas em modelos animais. Nature Genetics 18, 19-24.

Davies, G., Stear, M.J., Benothman, M., Abuagob, O., Kerr, A., Mitchell, S., Bishop, S.C., 2006. Quantitative trait loci associated with parasitic infection in Scottish Blackface sheep. Heredity (Edinb) Journal ; 96 (3) : 252-8.

Deane, H.M., Jensen, J., 1955. The pathology of contagious footrot in sheep. American Journal of Veterinary Research, 16, 203.

Dekkers, J. C. M., Hospital, F., 2002. O uso da genética molecular na melhoria das populações agrícolas. Nat. Rev. Genet. 3:2223.

Delves, P. J., Martin, S. J., Burton, D. R., Roit, I. M., 2006. Roitt's

Essential Immunology (11ª ed.). Malden, MA: Blackwell Publishing, 6-7.

Depiazzi, L.J., Roberts, W.D., Hawkins, C.D., Palmer, M.A., Pitman, N.C., McQuade, N.C., Jelinek, P.D., Devereaux, D.J., Rippon, R.J., 1998. Severity and persistence of footrot in Merino sheep experimentally infected with a thermostable protease strain of *Dichelobacternodosus* at five sites. Australian Vet J, 76, 32-38.

Egerton, J.R., 2002. Management of footrot in small ruminants. Proc, ofthe 12th International Symposium on Lameness in Ruminants, 9th - 13th Jan, Orlando, FL, USA, 139-146.

Egerton, J.R., 1989. Footrot of Cattle, Goats, and Deer. Footrot and Foot Abscess of Ruminants. 47-56.

Egerton, J.R., Parsonson, I.M., 1969. Benign footrot - a specific inter-digital dermatitis ofsheep associated with infection by less proteolytic strains of Fusiformis nodosus. Australian Vet J, 45, 345-349.

Egerton, J.R., Raadsma, H.W., 1993. Questões não resolvidas sobre a erradicação do footrot. Wool Technology and Sheep Breeding, 41, 99-107.

Egerton, J.R., Roberts, D.S., 1971. Vaccination against ovine footrot. J of Comparative Pathology, 81, 179-185.

Egerton, J.R., Roberts, D.S., Parsonson, I.M., 1969. A etiologia e a patogénese da podridão do pé dos ovinos. I. Um estudo histológico da invasão bacteriana. J of Comparative Pathology 79, 207- 216.

Egerton, J.R., Thompson, J.J., Merritt, G.C., 1979. Comparação das vacinas Bacteroides nodosus com óleo adjuvante e precipitado com alúmen no tratamento do footrot. Vet Rec, 104, 98-100.

Egerton, J.R., Thorley, C.M., 1981. Effect of alum-precipitated or oil-adjuvant Bacteroides nodosus vaccines on the resistance of sheep to experimental footrot. Research in Vet Sci. 30, 28-31.

Ellegren, H., Parsch, J., 2007. The evolution of sex-biased genes and sex-biased gene expression. Nat Rev Genet ; 8:689-98.

Emery, D.L., Stewart, D.J., Clark, B.L., 1984. The comparative susceptibility of five breeds of sheep to footrot (A suscetibilidade comparativa de cinco raças de ovinos ao footrot). Australian Vet J, 61: 85-88.

Ernst, J. D., Stendahl, O., 2006. Phagocytosis of Bacteria and Bacterial Pathogenicity (Fagocitose de Bactérias e Patogenicidade Bacteriana). Nova Iorque: Cambridge University Press, 710, 186.

Escayg, A.P., Hickford, J.G.H., Bullock, D.W., 1997. Association between sheep major histocompatibility complex alleles and resistance to foot rot. Research in Vet Sci, 63 (3): 283-287.

Eurell, J.A., 2004. Veterinary Histology. Teton New Media. Capítulo 35, 71.

Falconer, D.S., 1981. Introduction to quantitative genetics, (2ª ed.). Longman, Londres, Reino Unido.

Falconer, D. S., Mackay, T. F. C., 1996. Introduction to Quantitative Genetics, 4ª edição (Londres, Prentice Hall).

FAO. 1999. Opportunities for incorporating genetic elements into the management of farm animal diseases: policy issues, por S. Bishop, M. de Jong & D. Gray. Documento de discussão nº 18. Comissão dos Recursos Genéticos para a Alimentação e a Agricultura. Comissão dos Recursos Genéticos para a Alimentação e a Agricultura. Rome.

FAO. 2007. The State of Agricultural Biodiversity in the Livestock Setor, Section E: Animal Genetic Resources and Disease Resistance. 101-112.

Gelderman, H., 1975. Estudo da hereditariedade de caraterísticas quantitativas em animais utilizando marcadores genéticos. I. Methods. Theoretical and Applied Genetics, 46, 300-19.

Ghimire, S.C., Egerton, J.R., Dhungyel, O.P., 1999. Transmissão de footrot virulento entre ovinos e caprinos. Australian Vet J, Vol 77 (7), 450-453.

Ghimire, S.C., Whittington, R.J., Dhungyel, O.P., Joshi, H.D., Egerton, J.R., 2002. Diagnosis of footrot in goats: application of ELISA tests for response to antigens of *Dichelobacternodosus.* Vet Micro, 87, 237-251.

Glynn, Y., 1993. Benign footrot--an epidemiological investigation into the occurrence, effects on production, response to treatment and influence of environmental factors. Australian Vet J, 70, 7-12.

Graham, N.P.H., Egerton, J.R., 1968. Pathogenesis of ovine footrot: the role of some environmental factors. Australian Vet J, 44, 235-240.

Greer, G., 2007. Impactos do teste do marcador genético do footrot na criação de ovinos da Nova Zelândia. Unidade de investigação económica e agroindustrial da Universidade de Lincoln (AERU).

Gregory, T.S., 1939. Footrot in sheep. Australian Vet J, 15, 160167.

Guimarães, E.P., Ruane, J., Scherf, B.D., Sonnino, A., Dargie, J.D., 2007. Marker-Assisted Selection, current status and future perspectives in crops, livestock, forestry and fish [Seleção Assistida por Marcadores, situação atual e perspectivas futuras em culturas, pecuária, silvicultura e peixes]. Organização das Nações Unidas para a Alimentação e a Agricultura, 5.

Gupta, P. K. e Rustgi, S., 2004. Molecular markers from the transcribed/expressed region of the genome in higher plants. Functional and Integrative Genomics, 4, 139-162.

Hall, J. A., Sendek, R. A., Chinn, R. M., Bailey, D. P., Thonstad, K. N., Wang, Y., Forsberg, N. E., Vorachek, W. R., Stang, B. V., Van Saun, R.J., Bobe, G., 2011. O selênio do sangue total superior está associado a melhores respostas imunes em ovelhas afetadas por footrot. Vet Res. 42(1): 99.

Hampton, M.B., Vissers, M.C., Winterbourn, C.C., 1994. A single assay for measuring the rates of phagocytosis and bacterial killing by neutrophils. J. Leukoc. Biol. 55 (2) : 147-52.

He, B., Santamaria, R., Xu, W., Cols, M., Chen, K., Puga, I., Shan, M., Xiong, H., Bussel, J.B., Chiu, A., Puel, A., Reichenbach, J., Marodi, L., Doffinger, R., Vasconcelos, J., Issekutz, A., Krause, J., Davies, G., Li, X., Grimbacher, B., Plebani, A., Meffre, E., Picard, C., Cunningham-Rundles, C., Casanova, J.L., Cerutti, A., 2010. O ativador transmembrana TACI desencadeia a troca de classe de imunoglobulina ativando células B por meio do adaptador MyD88. Nat. Immunol. 11, 836-845.

Henry, R. J., 2006. Plant Conservation Genetics (Nova Iorque, Haworth Press).

Hickford, J., 2000. Desenvolvimento de um método sustentável de controlo natural da podridão do pé. Relatório para o NZ Meat Research and Development Council, Lincoln University.

Hickford, J.G.H., Zhou, H., Slow, S., Fang, Q., 2004. Diversidade do gene DQA2 do ovino. J. Anim Sci, 82 (6) : 1553-1563.

Janeway, C.A. Jr, Travers, P., Walport, M., 2001. Immunobiology: The Immune System in Health and Disease (Imunobiologia: O Sistema Imunitário na Saúde e na Doença). 5ª edição. Nova Iorque: Garland Science.

Kearsey, M. J., 1998. Os princípios da análise de QTL (uma abordagem matemática mínima). Journal of Experimental Botany 49, 1619-1623.

Kennan, R. M., Dhungyel, O. P., Whittington, R. J., Egerton, J. R., Rood, J. I., 2001. O gene da subunidade fimbrial do tipo IV (fimA) de Dichelobacter nodosus é essencial para a virulência, a secreção de proteases e a competência natural. J. Bacteriol. 183:4451-4458.

Kennan, R. M., Han, X., Porter, C.J., Rood, J.I., 2011. A patogénese do footrot dos ovinos. Vet Microb. 153, 59-66.

Laing, E.A., Egerton, J.R., 1981. Some aspects of B. nodosus infection in cattle, in: Ovine Footrot, Report of a Workshop, University of Sydney.

Lewis, R.D., Meyer, H.H., Gradin, J.L., Smith, A.W., 1988. Effectiveness of vaccination in controlling ovine footrot (Eficácia da vacinação no controlo do footrot dos ovinos). J. Anim Sci, 67: 1160-1166.

Litchfield A.M., Raadsma H.W., Hulme D.J., Brown S.C., Nicholas F. W., Egerton J.R., 1993. Resistência a doenças em ovelhas merino. II. RFLPs no MHC de classe 2 e sua associação com o footrot. J of Animal Breeding and Genetics. 110 (5) : 321-334.

Litinskiy, M.B., Nardelli, B., Hilbert, D.M., He, B., Schaffer, A., Casali, P., Cerutti, A., 2002. As DCs induzem a mudança de classe de imunoglobulina independente de CD40 através de BLyS e APRIL. Nat. Immunol. 3, 822-829.

Lynch, M. e Walsh, B., 1998. Genetics and Analysis of Quantitative Traits Sunderland, MA, Sinauer.

Maes, M., Hendriks, D., Van Gastel, A., Demedts, P., Wauters, A., Neels, H., Janca, A., Scharpe, S., 1997. Effects of psychological stress on serum immunoglobulin, complement and acute phase protein concentrations in normal volunteers. Psychoneuroendocrinology. 22(6):397-409.

Marshal, D.J., Walker, R. I., Cullis, B. R. &Luff, M.F., 1991. The effect of footrot on body weight and wool growth of sheep. Australian Vet J, 68, 45-9.

Miles, C., Wayne, M., 2008. Análise de locus de caraterísticas quantitativas (QTL). Educação na Natureza 1(1) : 208.

Miyagi, M., Aoyama, H., Morishita, M., Iwamoto, Y., 1992. Efeitos das hormonas sexuais na quimiotaxia de leucócitos e monócitos polimorfonucleares periféricos humanos. J Periodontol ; 63:28-32.

Myers, G.S., Parker, D., Al-Hasani, K., Kennan, R.M., Seemann, T., Ren, Q., Badger, J.H., Selengut, J.D., Deboy, R.T., Tettelin, H., Boyce, J.D., McCarl, V.P., Han, X., Nelson, W.C., Madupu, R., Mohamoud,Y.,Holley,T., Fedorova,N., Khouri, H., Bottomley, S.P.,Whittington,R.J., Adler,B., Songer,J.G., Rood, J.I., Paulsen, I.T., 2007. Sequência do genoma e identificação de antigénios candidatos a vacinas do agente patogénico animal *Dichelobacter nodosus*. Nat. Biotechnol. 25, 569-575.

Neimann - Sorensen, A., Robertson, A., 1961. A associação entre grupos sanguíneos e várias caraterísticas de produção em três raças de gado dinamarquesas. Ata Agric. Scand. 11: 163-196.

Nieuwhof, G.J., Bishop, S.C., 2005. Costs of major endemic sheep diseases in Great Britain and potential benefits of reducing disease impact (Custos das principais doenças endémicas dos ovinos na Grã-Bretanha e potenciais benefícios da redução do impacto das doenças). Anim. Sci. 81, pp. 57-67.

Nieuwhof, G.J., Conington, J., Bishop, S.C., 2009. Um modelo genético epidemiológico para descrever a resistência a uma doença bacteriana endémica no gado: aplicação à podridão do pé em ovinos, Genetics Selection Evolution, 41:19.

Ovaere, .P, Lippens, S., Vandenabeele, P., Declercq, W., 2009. Os papéis emergentes das cascatas de serina proteases na epiderme. Tendências em Ciências Bioquímicas, 34 (9) : 453-463.

Palmer, M.A., 1993. Um ensaio de gelatina para detetar a atividade e a estabilidade da protease produzida por *Dichelobacter (Bacteroides) nodosus*. Vet Microb, 36: 113-122.

Parham, P., 2009, The Immune System, Garland Science, 2.ª edição.

Parker, C.T., Cross, R.T., Hamilton, K.L., 1983. Seleção para resistência ao footrot em ovelhas Targhee. J. Anim Sci, 62 : 164.

Pasquier, B., Launay, .P, Kanamaru, Y., Moura, IC., Pfirsch, S , Ruffie, C., Henin, D., Benhamou, M., Pretolani, M., Blank, U., Monteiro, R.C., 2005. Identificação de FcaRI como um recetor inibitório que controla a inflamação: duplo papel de FcRgy ITAM. Immunité 22, 31-42.

Patterson, R. G., Patterson, H.M., 1989. A practical approach to breeding for footrot resistant Merinos. Journal of the New Zealand Mountain Lands Institute, 64-75.

Raadsma, H.W., 2000. Genetic aspects of resistance to ovine footrot (Aspectos genéticos da resistência ao footrot dos ovinos). R.F.E. Axford, S.C. Bishop, F.W. Nicholas, J.B. Owen (Eds.), Breeding for Disease Resistance in Farm Animals (segunda ed.), CABI Publishing, Wallingford, UK, 214-219.

Raadsma, H. W., Dhungyel, O. P., 2013. Uma revisão do footrot em ovinos: Novas abordagens para o controle do footrot virulento. Livestock Science, Vol. 156 Edição 1-3, 115-125.

Raadsma, H.W., Egerton J.R., Wood, D., Kristo, C., Nicholas, F.W., 1994a. Disease resistance in merino sheep.III. Variação genética na resistência após desafio e subsequente vacinação com uma vacina homóloga de pilus de rDNA. Journal of Animal Breeding and Genetics

111 (5-6): 367-390.

Raadsma, H.W., O'Meara, T.J., Egerton, J.R., Lehrbach, P.R., Schwartzkoff, C.L., 1994b. Anticorpos protectores e competição antigénica em vacinas fimbriais multivalentes de *Dichelobacternodosus* utilizando antigénios fimbriais de rDNA caracterizados. Vet ImmunoImmunopath, 40: 253-274.

Ribaut, J.M., William, H.M., Khairallah, M., Worland, A.J., Hoisington, D., 2001. Base genética de caraterísticas fisiológicas. Em Application of Physiology in Wheat Breeding, CIMMYT, México.

Ribaut, J.M. e Hoisington, D. A., 1998. Seleção assistida por marcadores: novas ferramentas e estratégias. Trends Plant Sci, 3, 236-239.

Roberts, D.S., Egerton, J.R., 1969. A etiologia e a patogénese da podridão do pé dos ovinos. II. A associação patogénica de *Fusiformis nodosus* e *F. necrophorus*. Journal of Comparative Pathology 79, 217-227.

Robinson, J. P., Babcock, G. F., 1998. Phagocyte Function - A guide for research and clinical evaluation. Nova Iorque: Wiley-Liss, 187.

Rood, J. I., 2002. *As ilhas genómicas de Dichelobacternodosus.* Curr. Top. Microbiol. Immunol. 264:47-60.

Sacket, D.M., Abbot, K.A., Jephcott, S., Barber, M., 2006. Assessing the Economic Cost of Endemic Disease on the Profitability of Australian Beef Cattle and Sheep (Avaliação do custo económico da doença endémica na rentabilidade do gado bovino e ovino australiano). Meat and Livestock Australia, Sydney.

Sanchez, A., Reeser, J. L., Lau, H. S., Yahiku, P. Y., Willard, R. E., McMillan, P. J., Cho, S. Y., Magie, A. R., Register, U. D., 1973. Role of sugars in human neutrophilic phagocytosis (Papel dos açúcares na fagocitose neutrofílica humana). The American Journal of Clinical Nutrition 26: 1180-1184.

Scapini, P., Nardelli, B., Nadali, G., Calzetti, F., Pizzolo, G. Montecucco, C., Cassatella, M.A., 2003. Os neutrófilos estimulados por G-CSF são uma fonte importante de BLyS funcionais. J. Exp. Med. 197, 297-302.

Schneider, P., MacKay, F., Steiner, V., Hofmann, K., Bodmer, J.L., Holler, N., Ambrose, C., Lawton, P., Bixler, S., Acha-Orbea, H. Valmori, D., Romero, P., Werner-Favre, C., Zubler, R.H" Browning, J.L., Tschopp, J., 1999. BAFF, um novo ligando da família do fator de necrose tumoral, estimula o crescimento das células B. J. Exp. Med. 189, 1747-1756.

Schwaiger, F. W., Gostomski, D., Stear, M. J., Duncan, J. L., McKellar, Q. A., Epplen, J. T., Buitkamp, J., 1995. An ovine major histocompatibility complex DRB1 allele is associated with low fecal egg counts following natural predominantly Ostertagia circumcincta infection. International Journal for Parasitology 25, 815-822.

Scott, P. C., Choi, C. L., e Brandon, M. R., 1987. Organização genética da região de classe II do MHC ovino. Immunogenetics 25:116-122.

Sisson, S., Grossman, J. e Getty, R., 1975. The anatomy of domestic animals. Vol 1, editado por CE Rosenbaum, n. Ghoshal e D Hillmann, 5ª edição, W.B. Saunders company, Philadelphia, USA, PP: 752- 755,762.

Skerman, T.M., 1985. In: Footrot in ruminants (Eds Stewart, D.J., Peterson, J.E., McKern, N.M. and Emery, D.L.). Actas de um seminário, Melbourne, 77-78.

Skerman, T.M., Erasmuson, S.K., Morrison, L.M., 1982. Duration of resistance to experimental footrot infection in Romney and Merino sheep vaccinated with Bacteroides nodosus oil adjuvant vaccine. New Zealand Veterinary Journal 30: 27-31.

Skerman, T.M., Johnson, D.L., Kane, D.W., Clarke, J.N., 1988. Escaldão clínico e footrot num rebanho de Romney da Nova Zelândia; parâmetros fenotípicos e genéticos. Australian Journal of Agricultural Research 39: 907-916.

Skerman, T.M., Moorhouse, S.R., 1987. Broomfield Corriedales: uma estirpe de ovinos criada seletivamente para resistência ao footrot. New Zealand VeterinaryJournal 35: 101-106.

Smith, C., 1967. Melhoria das caraterísticas métricas através de loci genéticos específicos. Anim. Prod. 9: 349-358.

Soehnlein, O., Lindbom, L., 2010. Parceria com fagócitos durante o início e a resolução da inflamação. Nature Rev. Immunol. 10, 427-439.

Sousa, P., Froufe, E., Harris, D.J., Alves, P.C. &Meijden, A., van der. 2011. Diversidade genética baseada em CO1 dos escorpiões do Magrebe Hottentotta (Scorpiones: Buthidae): novos conhecimentos sobre a filogenia e a distribuição do género. Invertebrados Africanos 52 (1).

Stear, M. J., Bairden, K., McKellar, Q. A., Scott, I., Strain, S. A. J., 1999. The relationship between the number and size of nematodes in the abomasum and the concentration of pepsinogen in ovine plasma. Research in Veterinary Science 67, 89-92.

Stear, M. J., Eckersall, P. D., Graham, P. A., McKellar, Q. A., Mitchell, S., Bishop, S. C., 2001 : Concentração de frutosamina e resistência à infeção natural, predominantemente *por Teladorsagia circumcincta*. Parasitology 123, 211-218.

Stear, M. J., Henderson, N. G., Kerr, A., McKellar, Q. A., Mitchell, S , Seeley, C., Bishop, S. C., 2002. Eosinofilia como marcador de resistência a *Teladorsagia circumcincta* em cordeiros escoceses de cara preta parasitology 124, 553-560.

Stear, M.J., Innocent, G.T., Buitkamp, J., 2005. The evolution and maintenance of polymorphism in the major histocompatibility complexveterinaryimmunology and immunopathology, 108, 1-2, 53-57.

Stewart, D.J., 1989. Footrot of sheep. Em Footrot and Foot Abscess of Ruminants, 5-45, eds J. R. Egerton, W. K. Yong e G. G. Riffkin, Boca Raton: CRC Press.

Stewart, D.J., Clark, B.L. & Jarret, R.G., 1984. Differences between strains of *Bacteroides nodosus* in their effects on the severity of footrot, bodyweight and wool growth in Merino sheep. Australian Vet J, 61, 349-52.

Stewart, D. J., Clark, B. L., Peterson, J. E., Griffiths, D. A., Smith, E. F., 1982. Importância do antigénio associado ao pilus nas vacinas contra *Bacteroides* nodosus. Res. Vet. Sci. 32:140-147.

Stewart, D.J., Emery, D.W., Clark, B.L., Peterson, J.E., Lyer, H., Jarrett, R.G., 1985. Differences between breeds of sheep in their response to *Bacteroides nodosus* vaccines. Australian Vet J, 62: 116-120.

Stewart, D.J., Peterson, J.E. Vaughan, J.A. Clark, B.L. Emery, D.L. Caldwell, J.B. Kortt, A.A., 1986. A patogenicidade e as caraterísticas culturais de estirpes virulentas, intermédias e benignas de *Bacteroides nodosus* que causam o footrot dos ovinos. Aust. Vet. J., 63, 317326.

Strain, S. A. J., Bishop, S. C., Henderson, N. G., Kerr, A., McKellar, Q. A., Mitchell, S. Stear, M. J., 2002. The genetic control of IgA activity against Teladorsagia circumcincta and its association with parasite resistance in naturally infected sheep parasitology 124, 545-552.

Merck Veterinary Manual (Marie S. Bulgin, editora), 2013. 10ª edição, publicada por Merck & Co. e Merial Limited.

Thomas, J.H., 1957. A erradicação do footrot contagioso dos ovinos.

Australian Vet J, 33, 263-266.

Thompson, C.B., 1995. Apoptosis in the pathogenesis and treatment of disease. Science 267(5203) : 1456-62.

Todar, K., 2008. Todar's Online Textbook of Bacteriology. http://www.textbookofbacteriology.net/

Tsuboi, N., Asano, K., Lauterbach, M., Mayadas, T.N., 2008. Os receptores Fcy de neutrófilos humanos iniciam e desempenham papéis especializados e não redundantes na doença inflamatória mediada por anticorpos. Immunity 28, 833 - 846.

Turner, A.K., Begon, M., Jackson, J.A., Bradley, J.E., Paterson, S., 2011. Diversidade Genética em Citocinas Associadas à Variação Imunitária e Resistência a Múltiplos Patógenos em uma População Natural de Roedores. Pios Genetics, Vol 7, 10 : 1-11.

Vignal, A., Milan, D., SanCristobal, M., Eggen, A., 2002. A review on SNP and other types of molecular markers and their use in animal genetics. Genetics Selection Evolution 34, 275-305.

Wani, S.A., Samanta, I., 2005. Compreensão atual da etiologia e do diagnóstico laboratorial da podridão peduncular. Vet J. Vol 171, (3) 421-428.

Wheater, P.R., Stevens, A., 2002. Wheater's basic histopathology: a colour atlas and text. Edimburgo: Churchill Livingstone.

Whitacre, C.C., Reingold, S.C., O'Looney, P.A., 1999. A gender gap in autoimmunity. Science ; 283:1277-8.

Woolaston, R.R., 1993. Factores que afectam a prevalência e a gravidade do footrot num rebanho de Merino selecionado para resistência ao Haemonchus contortus. Australian Veterinary Journal, 70, 365369.

Wu, S.A., Yeh, K.W., Lee, W.I., Yao, T.C., Kuo, M.L., Huang, B., Huang,

J.L., 2013. Fagocitose prejudicada e suscetibilidade à infeção no lúpus eritematoso sistêmico de início pediátrico. Lupus 22 (3), 279-288.

Wuliji, T., 2011. Estabelecimento de um rebanho de ovelhas resistentes à podridão do pé através da seleção fenotípica e assistida por marcadores genéticos, subsídio USDA Evans-Allen.

Wuliji, T., Hickford, J.G.H., Lamberson, W., Shanks, B., Azarpajouh, S , 2014. Rastreio de marcadores genéticos para a podridão podal ovina num rebanho de ovelhas Katahdin. J. Anim. Sci. Vol. 92 E-Suppl. 2/J. P.933.

Wuliji, T., Hickford, JGH., Shanks, B., Lamberson, W., Zhou, H., Azarpajouh, S., 2013a. Estabelecimento de um rebanho de ovelhas resistentes à podridão do pé através do rastreio de testes de marcadores genéticos da podridão do pé. Em 'Lameness in Ruminants' (Ed. Becky Whay e Jo Hockenhull), Bristol, Reino Unido. P. 72-73.

Wuliji, T., Lamberson, W., Shanks, B., Caldwell, J., Clifford-Rathert, C., Pennington, J., Swartz, H., Azarpajouh, S., 2013b. Seleção assistida por marcadores genéticos para resistência à podridão do pé em rebanhos de ovinos. J. Anim. Sci. Vol. 91, E-Suppl. 2. P. 606-607.

Zucker-Franklin, D., Grossi, C.E., 2003. Atlas das células sanguíneas: função e patologia Milano: Edi. Ermes, 174.

Zwietering, M.H., Jongenburger, I., Rombouts, F.M., van't Riet, K., 1990. Modelação da Curva de Crescimento Bacteriano. Appl. Environ. Microbiol. Vol 56, (6) 1875-1881.

MIX
Papier aus verantwortungsvollen Quellen
Paper from responsible sources
FSC® C105338

Printed by Books on Demand GmbH, Norderstedt / Germany